# 換髮型
# 等於換心情

變髮高手 黃申◎親自示範／解說

30秒完成變髮・50多款玩髮造型
最省錢的編髮秘技

〔變髮高手的秘密〕

# 只要適合自己，就是好髮型

二〇一〇年的一天，我看著自己製作的那麼多個髮型影片時，心裡還在想：如果有一天能把這些成果結集成書就好了。後來，竟然眞的有了出版機會。非常感謝李竹（我的貴人鳥，也就是這本書的編輯）和出版社，能給我這個機會，讓我美夢成眞。

眞正開始著手準備內容前，我把頭髮從亞麻色染成了很淺的黃色。因爲深色的頭髮紋路看上去不是那麼清晰，爲了讓讀者可以從步驟圖中更直接清楚看明白造型的順序，就染了很淺的髮色。

跟著就開始拍攝圖片了。因爲沒有經驗，所以拍起來進度很慢，攝影的燈光、拍攝的角度、做頭髮的每個步驟，甚至夾子、服裝、髮飾、臉部表情這些細節，都一直調整再調整……往往一次拍攝下來，只完成了兩三個髮型而已。當時很著急，覺得這樣的進度絕對不行。我告訴自己做事情一定要有規律，事前必須準備好一切。於是之後的拍攝，自己都在家裡先練習一遍，準備好要搭配的髮飾、衣服，想好這次的妝和哪些髮型最合適，並嘗試自己寫簡單的腳本鏡頭（是近景特寫還是全身），還要想好角度，準備道具……經過這麼周密的準備，之後拍攝起來果然比較有效率了。到後面越拍越順，發現自己有了不小的進步，後面拍的比之前拍的好看不少。但畢竟這是我的第一本書，還有很多很多不足，希望大家可以批評指教多建議，如果有下次肯定能更好！

很多網友看我出了那麼多髮型影片，都很好奇，問我是不是學過美髮專業。其實並沒有，而且在過去的二十年中我一直留的是短髮，最長的時候是在幼稚園，頭髮長到肩部。那時媽媽每天都會幫我綁頭髮，但是她綁得超緊，緊到我的眼睛都往兩邊飛……綁好後就是一張活生生的京劇臉譜。而且每次幫我綁頭髮時，都弄得我痛的哇哇叫，最後搞得我和她完全失去了耐性，於是，我再也不留長髮了……二十年後，終於開始想改變，想變得更有女人味一點，於是慢慢留起了長髮，開始想要如何化妝如何讓頭髮更漂亮。（現在想想二十歲以後才開始想這些，是不是太晚熟了點……）

有點離題了，come back！因爲沒有學過髮型專業，於是我就像很多女孩子一樣，開始關注各種雜誌、時尚節目，看看人家如何變髮，然後自己照著學。啊，沒想到弄頭髮也滿簡單的啊，原來覺得好複雜好難。我記得我第一個學的髮型就是丸子頭。丸子頭有很多種做法，很多時候照著書本上、節目上的方法去做，結果並不一定適合自己。頭髮長短多寡、髮質軟硬這些條件，確實會限制不同髮型做出來的效果。但是其實髮型和化妝一樣，只要掌握了最基本的技巧並且能夠靈活運用，就完全可以改良成適合自己，獨一無二的造型。在完成丸子頭的那一刻，我明白弄頭髮其實很簡單，沒有什麼所謂固定方法，只要做出來的效果好，適合自己，那就是好髮型！也別認為做頭髮很難，要用一大堆工具和一大堆美髮產品。在這本書中，我教大家的髮型都是由很簡單很基本的技巧刮蓬、編髮、扭轉、拉鬆，「混搭」而成的，不像專業人士的作品那麼複雜，大家只要好好學會這些技巧，並且經常動手嘗試，最後都可以像我一樣，用最短的時間做出超得體的髮型，美美地出門！

最後，謝謝愛我的家人，餓到發抖也不說先吃飯的攝影師second林，一直關注我的網友們，還有買這本書的朋友們。謝謝，沒有你們就沒有我！

最後，請允許我再次獻上最真誠的感謝！

Chapter 1

## 認識妳的臉形，找出妳的髮型

Chapter 2

## 只要30秒，我是超級魔髮師

contents

Chapter 3 元氣活力是我的主題

## Chapter 4 變成時尚主角的這一天

## Chapter 5 今天我想換心情

# contents

Chapter 6

## 8個角色，8個造型，8個好心情



## 〔保養加送〕

Chapter 1

# 認識妳的臉形，找出妳的髮型

一提起髮型，大家理所當然地覺得花些錢靠髮型設計師就好，但這不是本書的重點。如果動刀修剪或染髮，各位讀者還是必須上美容院，但其餘的變髮，完全可以交給自己的一雙巧手來完成。

只要妳愛自己的頭髮，想要把自己變得更漂亮，費點小心思就可以做到。先來了解一些基本知識吧，有關什麼髮型最適合自己？什麼髮型最襯托妳的氣色？還有成為變髮達人最需要的小工具？這些超級簡單又非常實用的知識，都是我變髮的心得，學會後，妳也可以成為變髮高手的！

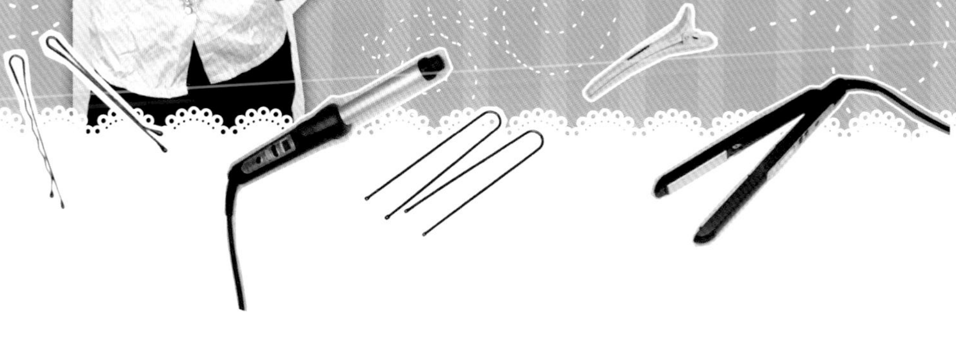

Surprise 1

# 瞬間顯瘦的秘訣

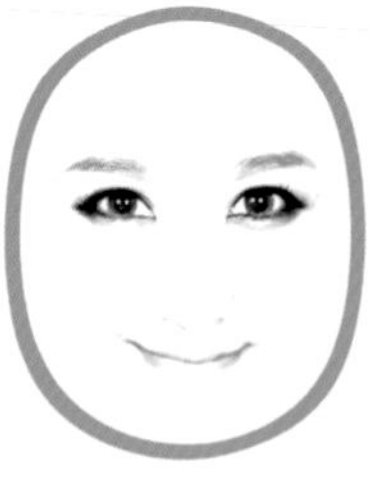

## 如果妳是方形臉

天庭飽滿，地閣方圓，這樣的女孩子好面相好福氣，就是不好照相……別怕，我教妳變得上相，免動刀方形臉改造法！

### 這樣的髮型最顯瘦

1. 頭頂稍蓬鬆而兩側服貼一點的髮型，能使臉形看起來修長些。
2. 偏中分或有捲度的髮型。
3. 斜劉海中髮。劉海會隱去臉上半部的棱角，而內扣的中髮則修飾了下半部的臉形。

### 這樣的髮型是悲劇

1. 長度剛好到下巴的髮型。如果髮梢沒有向內扣，這款髮型就更崩潰了。
2. 齊劉海，讓臉變成撲克牌。
3. 頭髮分縫時太靠邊，增加下巴的寬度，使臉形看起來更寬。

### 變髮高手提示

奉勸方形臉的女生還是應該去把頭髮燙一燙，因爲臉本身就是棱角分明，如果頭髮也是順垂的那種，必定更加凸顯臉部。如果是燙那種很有層次的髮型，一方面會讓視線更加偏向頭髮，另一方面柔和的頭髮線條可以中和臉部棱角。

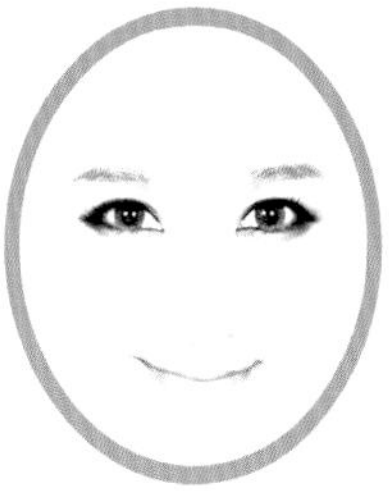

## 如果妳是圓形臉

圓圓臉如果搭配可愛的五官，會給人很cute很卡通的感覺，但是如果五官一般，圓臉會帶來各種麻煩，例如被人叫「大餅臉」，讓人覺得自己裝可愛什麼的……

### 這樣的髮型最顯瘦

1. 頭髮長度長一點的髮型。頭髮的長線條會令臉形在視覺上有延伸的感覺。
2. 頭頂帶蓬鬆感及高聳感的髮型。如果頭髮少的話，就去燙出蓬鬆感，如果本身頭髮比較多，用梳子倒刮幾下就ＯＫ了。
3. 頭髮兩側不太蓬鬆的髮型。可以留些碎髮遮蓋臉形。如果是長直髮而且頭髮又多，千萬不要將頭髮別在耳朵後面，不然整個臉好像一把大蒲扇。

建議：優雅的長直髮、波浪大鬈髮、隨性的微鬈髮，或者是中長的梨花頭。

### 這樣的髮型是悲劇

1. 剪太短的髮型，會令整個頭部看起來又圓又短。
2. 頭髮太貼、太塌、太薄，如果刮過一陣風，就看到孤獨的大頭在風中瑟瑟發抖。
3. 齊劉海？齊劉海只會讓臉更短，本來的圓圓臉瞬間變成扁圓形……如果實在喜歡劉海，就剪個斜劉海吧！

### 變髮高手提示

很多髮型網站上說，圓圓臉的美女適合燙層次分明的短髮，然後配張小美女的照片，讓大家覺得好靈氣好嬌小！但是我卻要對這種髮型打叉！姐妹們要冷靜，妳的圓圓臉是很小的那種嗎？妳的眼睛是超大的嗎？如果不是的話，造型後一定會後悔哦！

## 如果妳是長形臉

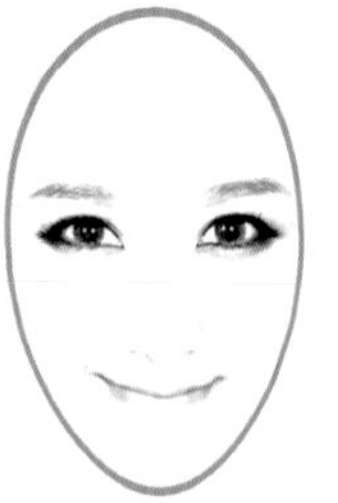

很多人羨慕長臉美女，覺得「長臉＝尖下巴」，而「尖下巴＝小瘦臉」，臉長多上鏡！我來無情地揭一下長臉美女心中的痛吧：一旦臉長下巴長，最可怕的就是——顯老。

### 這樣的髮型最顯瘦

1. 頭髮長度適中的髮型。太短會讓長臉顯得很突兀，太長則會讓妳變成一根大油條……
2. 留劉海。長長的劉海能遮掉額頭，讓視覺轉移到眼睛以下部分。長臉美女做斜劉海和齊劉海都好，但是要想辦法不讓劉海貼在腦門上。
3. 增加頭髮兩側的蓬度和層次，來增添臉形、頭形、髮型的寬度，使臉形長寬比例更和諧。

### 這樣的髮型是悲劇

1. 又長又直的髮型。幸虧現在已經不流行拉直頭髮的年代了，否則長臉美女都要哭了。
2. 頭髮兩側太貼。如果是鬈髮，打理時可以特別用定型產品抓蓬鬆臉部兩側的頭髮。頭頂的就算了吧……
3. 墊高的劉海會讓臉更長哦，就是錯誤圖示中的那種，不要爲了讓自己變成最有人氣的職場白領而梳這種髮型，切記……

### 變髮高手提示

別學那些模特兒在臉旁邊別朵大花……那樣眞的不能掩飾長臉。有的長臉女生頭髮實在很細，於是選擇清湯掛麵，那可不行。還是去燙一下比較好，建議燙那種捲度大的髮型，燙出比較自然的弧度，髮色則選擇讓人覺得有膨脹感的暖色系爲好，例如棕紅色系。

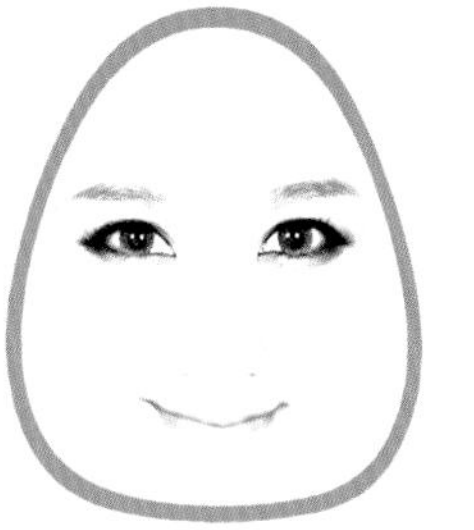

## 如果妳是西洋梨形臉

下巴寬的人會讓人覺得長得很嚴肅很凶，缺少了一點親近感，而且即使本身比較苗條，但如果臉形是這樣，還是會讓人覺得有點胖。

**這樣的髮型最顯瘦**

1. 能保持額頭寬度的髮型，將頭頂兩邊的頭髮燙出一定的蓬度會使上下的寬度差距縮小。
2. 線條柔和一點的髮型，例如有捲度或波浪式、中長至肩部的髮型設計。

**這樣的髮型是悲劇**

1. 清湯掛麵般的直髮造型。越來越發現，直髮其實是最挑臉形的。
2. 中分或任何過短的髮型都不適合。

### 變髮高手提示

前一陣子超級流行的梨花頭，據稱是適合各種臉形，西洋梨形臉也適合，因爲頭髮的捲度可以擋住寬下巴。But，我們來想一想，梨花頭基本上可以說是個三角形，如果腦袋也剛好是西洋梨形狀的話，那就是正三角套正三角……好不好看大家想想就知道了。

## 如果妳是倒三角形臉

兩頰瘦瘦的沒有肉，看起來精神面貌有點欠佳，下巴太尖，給人一種勢利刻薄的感覺。因為臉太窄，額頭顯得很寬。這樣臉形如何改變呢？

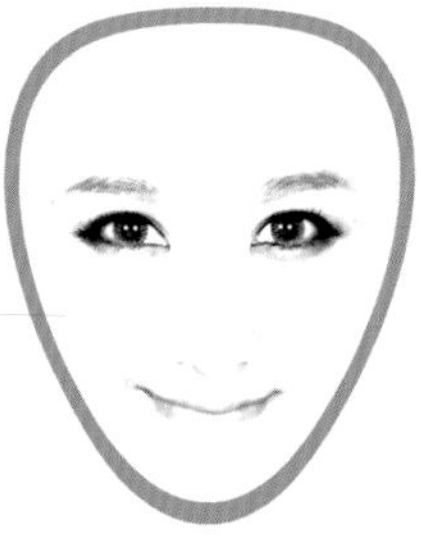

### 這樣的髮型最顯瘦

1. 頭髮長度到脖子就好，以達到平衡感，並造成加寬下巴的視覺效果。
2. 劉海可縮小前額的寬度，把大額頭藏起來。
3. 顴骨不凸出的人也可以留短髮。

### 這樣的髮型是悲劇

盤髮或者束髮等造型，因爲會完全露出額頭或者把頭髮都堆到頭頂上，所以寬額頭更加凸顯。

### 變髮高手提示

可以把頭頂的頭髮抓一抓，這樣髮量看起來更多，頭頂更蓬鬆，寬大的額頭就不會那麼明顯了。有的人說把頭髮盤起來做個寬鬆的盤髮，讓髮尾散落開來，會讓臉顯得不那麼窄，只要你捨得露出寬額頭去冒險，那我也不好說什麼了。

## 如果妳是鵝蛋臉

這就是傳說中最標準的臉形，除非妳要把髮型搞成花輪同學那樣，否則基本上所有的髮型妳都適合！

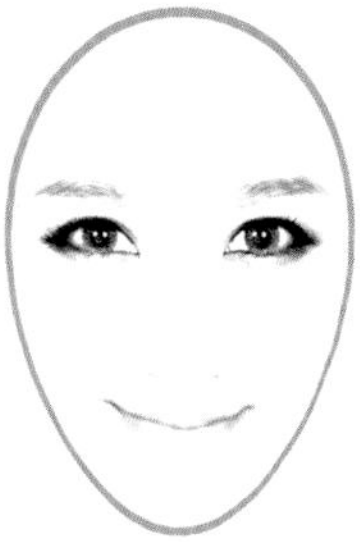

### 這樣的髮型最顯瘦

1. 大部分的髮型都很適合。
2. 適合此種臉形的髮型需符合簡單、勻稱、不複雜的原則。

### 這樣的髮型是悲劇

1. 太複雜、不對稱或者奇怪的髮型。
2. 太厚重的劉海。

### 變髮高手提示

沒什麼好提示的。後面教的所有髮型，鵝蛋臉全部都不用改良，直接學會照辦就好了！

# Surprise 2 好髮色，讓妳不上妝也有好氣色

頭髮的顏色會影響到一個人的氣色，改變一個人的氣質。染對了頭髮顏色，就會有整個人都亮了起來的感覺；相反，沒有染對頭髮顏色，會讓臉上氣色變得髒髒的灰灰的，整個人都暗沉。

顏色有冷暖色調之分，我們的臉色也有，髮色也有，我該染冷色調還是暖色調的髮色呢？我的臉又是什麼色調呢？

其實要選擇起來非常簡單。冷色調膚色的人就染冷色調的髮色，暖色調膚色的人就染暖色調的髮色。再來看看如何辨別自己的膚色是什麼色調，下面提供兩個最簡單便捷的方法，大家可以自我辨識檢測一下。

### 1．妳戴銀色飾品好看，還是戴金色飾品好看？

方法：可以一隻手戴銀色戒指或者是手鐲，另一隻手戴金色戒指或手鐲。如果戴銀色飾品的那隻手顯得膚色比較亮、比較適合，那妳的膚色就是屬於冷色調的，應該染冷色調的髮色。如果妳戴金色飾品好看，顯得膚色比較亮、比較適合，妳的膚色就屬於暖色調的，應該染暖色調的髮色。

## 2．妳塗紫紅色口紅顯得氣色好，還是塗橙紅色口紅顯得氣色好？

方法：塗上紫紅色的口紅，然後照鏡子。如果塗上紫紅色口紅之後顯得氣色變好了，那妳就是屬於冷色調的膚色，也就是適合冷色調的髮色。如果塗上紫紅色口紅之後，顯得臉色更黃更暗沉，直接灰暗了，就說明妳膚色屬於暖色調，要選擇暖色調的髮色。相反，塗上橙紅色口紅之後，氣色變好，整個人亮了起來，那麼妳就是屬於暖色調膚色，適合暖色調髮色。反之則屬於冷色調膚色，適合冷色調髮色。

### 什麼顏色是暖色調，什麼顏色是冷色調呢？

暖色調包括黃色、紅色、橙色、棕色、栗子色、金銅色、棗紅色等等。

含有紅色、黃色兩種顏色比例比較重的就是暖色。

冷色調包括藍色、綠色、紫色、灰色、紫紅色、酒紅色、悶青色、橄欖色等等。

含有藍色、綠色兩種顏色比例比較重的就是冷色。

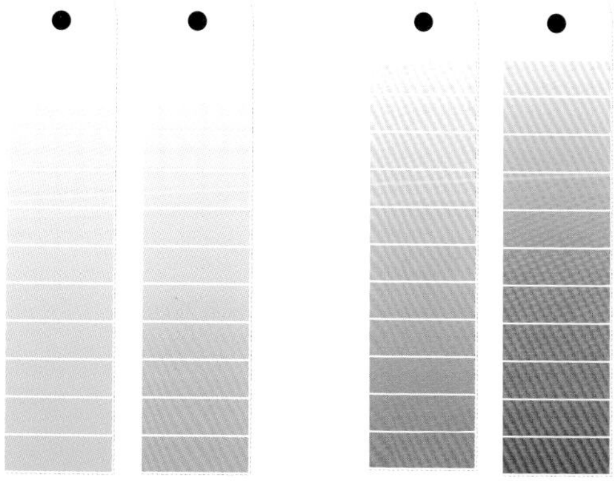

Surprise 3

# 最簡單的工具，卻能夠最快樂玩頭髮

很多人覺得做髮型特別麻煩，需要準備各種吹風機、各種夾板、大大小小的梳子、剪刀、髮膠、髮蠟，其實不然！那是妳被專業髮型師的行頭嚇到了！我這個人最怕麻煩，這些年來我都是只用平時梳頭髮的小工具，就能成功把髮型做得很漂亮！

其實換個角度想想，我們爲了化妝不也要買超級多的化妝品和化妝工具嗎？不能只顧臉面不顧頭髮啊，髮型是個人整體形象中超級重要的部分，所以不要輕忽，好好爲妳的頭髮挑選一些小工具吧！今天我介紹的都是最基本的「裝備」，大家可以根據自己的需要選擇。

## 必備工具

### 1 黑色小髮夾

黑色小髮夾，能夾住短碎髮，固定髮型，夾出來的效果比較緊，比較服貼，缺點是夾好後的效果層次感不強。選購小髮夾的秘訣在於，小髮夾縫隙越小越密合，夾子就會越緊，夾力也就越強。如果夾子的一邊是波浪形的話夾得會比較穩哦～還有就是挑選小髮夾的時候一定要選圓頭的，這樣才不會刮傷頭皮。

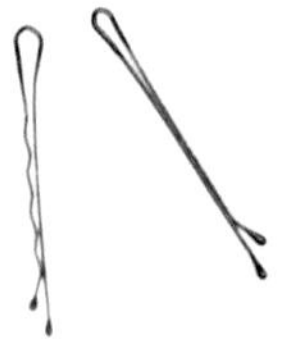

## 2 黑色橡皮筋

黑色橡皮筋是做髮型最基本最重要的小工具之一啦！如何選擇好用的橡皮筋呢？最好是橡皮筋外面有包一層布的，這樣才不會纏住頭髮，取下來的時候也方便。裡面的橡皮要彈性適中，不過緊也不過鬆。過緊綁頭髮時不好拉開，過鬆容易彈性疲乏鬆掉，頭髮綁不穩，能環繞要綁的髮束兩三圈就是最合適的。

## 3 波浪U形夾

波浪U形夾，能固定大量頭髮，夾出來的效果蓬鬆、有層次。缺點是新手可能要花一些時間去學習如何使用。記住使用U形夾的時候，選用繞八字或畫圈圈的手法去固定，這樣就可以很快上手。

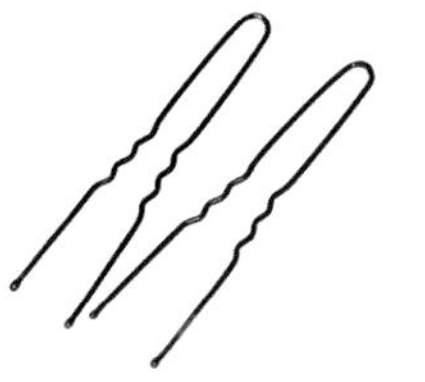

## 4 長U形夾

長U形夾比一般的U形夾更能固定深層次的頭髮，夾出來的效果蓬鬆有層次。

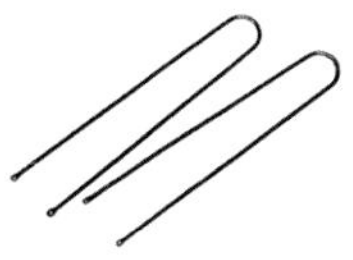

## 5 鶴嘴夾

鶴嘴夾是做髮型時的好幫手，我們在綁頭髮、捲頭髮、給頭髮分區、手忙不過來的時候就要用到它。這種夾子很常見，挑選的時候一定要試用一下，觀察一下鶴嘴夾的頭是不是太尖，尖的容易擦破頭皮；還要看看齒是不是很利，鋒利的容易夾斷頭髮；另外夾子的彈簧如果容易咬住頭髮的話，那造型後取下的時候會很困難。

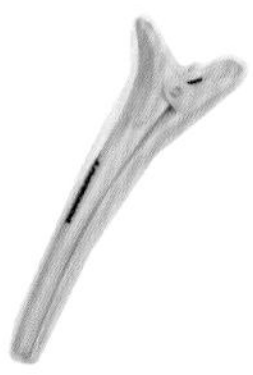

## 6 刮梳

要選齒密的梳子，可以把頭髮刮蓬鬆。健康的髮質，有的在刮了後還容易彈回去，如果這樣就先上些定型產品，增強頭髮的摩擦力之後，再用刮梳刮蓬鬆。

## 7 直髮器

直髮器對於有自然捲或者粗硬髮的人來說是非常必要的美髮工具。直髮器可以瞬間撫平髮絲，讓妳擁有飄逸長髮（似乎有個謎，越是有自然捲的人越想擁有一頭飄逸的長髮），而且直髮器也可以用來捲頭髮，像這兩年流行的梨花頭，也可以自己在家用直髮器很快搞定，超方便簡單！

## 8 捲髮棒

捲髮棒是捲髮造型工具中最快捷最有效的。有了這種產品，就可以讓頭髮隨意變捲變直！不過要小心的就是，千萬不要被燙到！我有一次燙頭髮的時候，一不小心燙到臉頰。當時趕著出去拍外景，燙傷後沒有做適當的處理，結果出外景曬到太陽，燙傷由紅變黑，至今還有條淡淡的疤痕。慶幸的是，疤痕和我臉頰肌肉的線條是吻合的，不認眞看，人家還以爲我很瘦，瘦到臉頰都凹陷了。不過大家還是要多加小心，眞的不注意燙傷的話，要馬上先搽新鮮蘆薈，或者薄荷膏等燙傷藥物，做好防曬措施再出門。

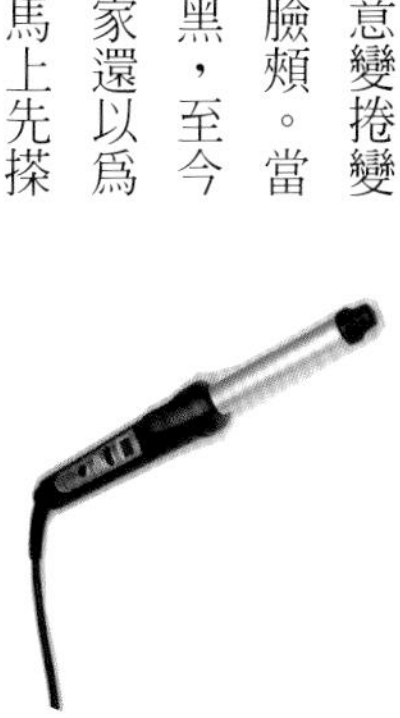

Chapter 2

# 只要30秒，我是超級魔髮師

本來是長髮，卻能夠變成俏麗短髮；
本來沒有劉海，卻能夠擁有卡哇伊的劉海；
本來有點小嚴肅的臉，
卻15秒就讓人感覺不一樣。
公主頭，丸子頭都有不一樣的升級版，
而且只要兩三個簡單步驟就可以完成！
讓人非常有成就感！

# 長髮變成俏麗短髮

炎炎夏日，或是勁爆的音樂節，讓頭髮瞬間變得俐落又超酷。不用動剪刀，不用任何定型產品，當妳扮酷扮到煩馬上就能變回來，真是一款會讓髮型師想殺我的髮型啊……沒辦法，原諒我的一雙巧手！

1

梳一個緊實的馬尾。盡量把碎頭髮都紮起來，馬尾高度稍高些。

2

在束頭髮的髮圈前，頭頂正中間用手挖個洞。

3

把紮好的髮束往裡塞，從挖的洞中間穿過去。

現在髮尾變成了髮簾，整理好，將這些髮尾分向一側就好了！

# 長劉海變成超級卡哇伊

這個變髮小技巧適合沒有劉海，或者劉海比較長的朋友。一般來說當我們想去燙髮或剪髮之前，都會留一陣頭髮。這時候的髮型長不長短不短，超尷尬！學會綁卡哇伊斜劉海，就能讓妳不改變頭髮長度，也能馬上變可愛啦！

## 1

把頭頂前面的頭髮徹底梳到臉前面。以兩邊眉峰爲界限，把中間的頭髮收到手裡，像綁麻花一樣交叉扭轉，妳想讓假劉海偏向哪側，就往哪邊轉。

## 2

綁好之後把髮束有點小弧度地彎向耳後（這是爲了做出假劉海的傾斜度），用小黑夾將髮束固定在比較裡層的頭髮裡。

## 3

再用表面的頭髮蓋住夾子。

綁出來的斜劉海，前側整理好碎頭髮，完成！

FINISH

# 打敗老氣，OL專屬亮麗馬尾

DVD示範 05

1

先預留出一小部分劉海，其他頭髮別在耳後。對著鏡子看一下劉海量夠不夠。

2

然後把剩下的頭髮用雙手扭好，朝向脖子一側，向反方向捲成髮束。（如果是朝右側就逆時針捲，明白了吧！）用小黑夾固定捲好的地方。然後鬆開手就好。

3

把後腦部分拉鬆，做出飽滿的後腦。

我不得不再次重複，這款髮型真的是所有人都可以學會的超實用髮型！非常適合辦公室白領，如果妳的頭髮是黑色直髮，就更有書卷氣和斯文、幹練的效果。

有的人說側馬尾綁出來很土氣，但是我這款不需要髮繩或頭花，頭髮的自然彎曲讓髮型看起來自然又俏皮！一點不土氣！

# 只要15秒，讓妳活潑起來

只要妳的頭髮是中髮或是長髮，都能很輕鬆地學會這個髮型。其實平時我們可以利用自己的頭髮多做一些小花樣、小變化，令單調的長髮瞬間靈動，充滿低調的小巧思哦~

1

從頭頂取一扁條頭髮，不要從正中間取，否則綁完的頭髮會嚴重歪向一側。用細的橡皮筋綁住，注意不要綁在靠近頭皮處，留一些距離。

2

把綁好的髮束其中一邊的頭髮拉鬆，記住鬆的部分是會在最後被綁成花式的。

3

把髮束往拉鬆的那一邊向前面捲，捲到橡皮筋被頭髮遮住。

4

用小黑夾把髮束固定，小黑夾在轉出來的花下面，就能很好地隱形！把綁花髮束的髮尾和原有的頭髮梳一梳，融為一體了。

# 今天來做個鄰家女孩

清純可愛，經典不衰的兩條辮子髮型。最適合穿可愛的學生制服時搭配。

1 將頭髮從前額到脖子完整分成左右兩區，在前面留一些貌似不經意，但一陣小風絕對能吹起的劉海（嘿嘿，我好壞），然後分別將剩下兩邊的髮束向內扭轉。

2 扭轉後，再將髮束按圖示繞8字擰轉。之後拿髮繩綁好，記住要留一些可愛的髮尾出來哦！

我綁了一朵小頭花。小可愛，小清純，暗戀隔壁班籃球男的小情懷，啊，我愛校園！

# 神秘的劉海誕生了！

DVD示範 01

免動刀就可以擁有劉海，而且還很簡單，太帥氣了！我想現在應該有很多髮型師想用剪刀剪我的肉吧（因為少了很多生意）……

1

取頭頂一部分頭髮，量不需要太多，因爲這些頭髮是爲了之後做劉海用的，太多就好像扣了一頂帽子。

2

在髮圈上方中間處，挖個洞。

3

把髮束往裡彎，穿過剛才挖的洞。

4

用小黑夾固定穿過洞洞的頭髮的左右邊緣。

梳理好！是不是很自然？

# 公主頭升級版

一想到公主頭，就在腦海中浮現出那個固定的髮型。這次想不想來一次公主頭的變形？也就是說，把原版公主頭的髮束變成髮髻，一樣婉約迷人，心情也會隨之綻放。

在外面套上一個頭花，像不像韓劇中散發無限女人味的女主角？

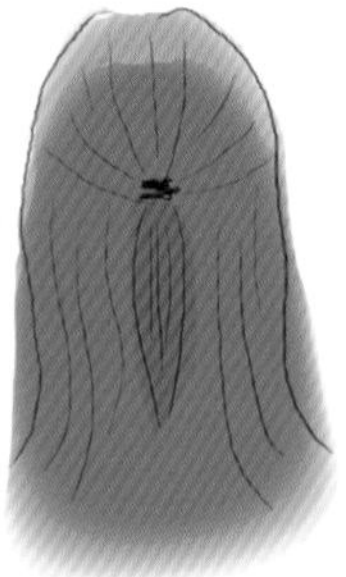

1

先綁一個基礎公主頭。就是在頭髮上面分區把頭髮綁起來。

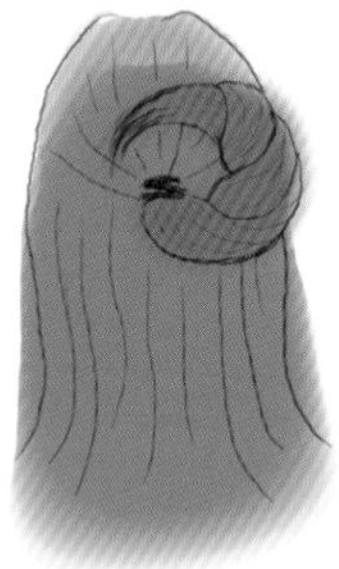

2

把髮束扭轉。這個扭轉包括兩方面：一方面是髮辮本身向一個方向扭轉，另一方面是把扭轉好的髮辮再盤成一個髮髻。

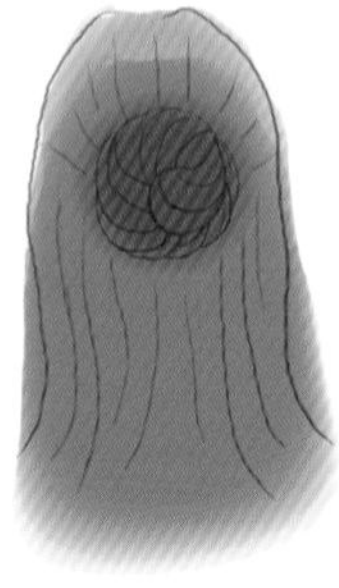

3

轉成髮髻了，用夾子固定。

# 丸子頭升級版

變髮難易度
★

這是丸子頭的變形款，其實只是多留了一些頭髮。適合髮量多，盤丸子頭顯得老氣的朋友。不僅能讓髮量減少，還顯得更有活力更young！

完成！
丸子頭活潑，下面的散發乖巧，巧妙搭配，效果加倍！
FINISH

side
back

1 **紮馬尾**

取頭頂的大部分頭髮紮一個高馬尾。記住一定要留一些劉海。下面也要留些頭髮（爲了讓上面的髮量變少）。

2 **盤丸子**

將馬尾旋轉，盤成一個丸子。用夾子固定好四周。

# 校園美女必備款

簡單乾淨俐落，充滿朝氣的髮型。一綁彷彿就回到了學生時代。媽媽，我去上學嘍！這個髮型會迷死多少同學呢……

**完成！**
戴上久違的大大眼鏡，去嚮往已久的學校上課啦！
**FINISH**

side

back

## 1
### 綁三股辮
首先將頭髮分成兩邊，綁好兩條三股麻花辮。（老規矩，想留點劉海就留吧！）

## 2
### 捲辮子
把兩邊的辮子尾巴向內往上捲，妳最後想讓髮辮多長，就一次性摺多長。

## 3
### 固定
兩邊都捲好後，用橡皮筋固定在捲好的中間即可。

# 最愛迅速變年輕

變髮難易度 ★★

好俏皮可愛喲！梳這個髮型馬上減齡10歲！28歲的變18歲，18歲的變8歲，8歲的變-2歲，等等，沒有-2歲的人，好嗎？

髮量多的朋友，辮子編得一定要細，否則捲出的髮花會很大，變成一大坨……

1

在頭髮一邊編加節辮（按普通麻花辮的方法編一次，然後再取一節續編上次三節其中的一節合成一節，始終保持三節頭髮，以此類推，不斷按三節先後順序續接地編）。

2

加節辮編到耳際上方爲止，再轉爲普通三節辮。

3

把辮子捲成髮花，固定在耳朵上方。

# 上學必備 四股髮辮

DVD示範 13

變髮難易度 ★★

## 1 分區

從中間分條縫，頭髮左邊一半右邊一半。把一邊的頭髮分成兩份，兩手各抓一半。再用兩手食指各分一小撮頭髮出來。

## 2 交叉

將兩手食指分出來的那一小撮頭髮分別交換到另一隻手裡。

## 3 交叉

把交換到另一隻手的那一小撮頭髮，融入到手裡原來就編著的大份的頭髮中。

## 4 繼續

以此類推，再重複步驟1～3，編完全部頭髮。

## 完成！

這款髮型很適合髮量多的朋友，一下子就會覺得頭髮變得清爽了。而且這種辮子編熟練以後看起來很精巧！

**FINISH**

# Chapter 3 元氣活力是我的主題

我想讓自己成為人群中最閃亮的女孩，
我想夏天來了清爽去海邊，
我想長髮飄逸
但是戴起帽子還是很帥氣，
我想讓春天在我臉上發光發亮～～

# 運動風俏馬尾

側邊馬尾一向給人非常有活力、可愛、俏皮的感覺。加上蓬鬆墊高的劉海，會令頭髮與臉之間的比例更好。

1

**編三股辮**

把劉海向頭頂後方編成三股辮，髮根處不要編太密，這樣彎過去後頭頂的弧度才好看。

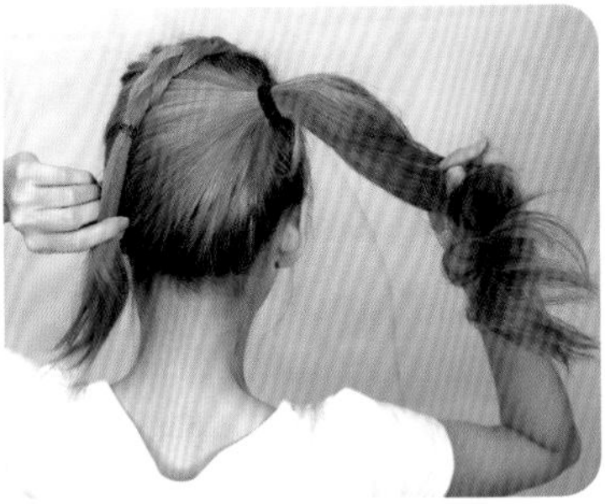

2

**梳側馬尾**

再把剩餘的頭髮梳成側馬尾。不要整個側到耳朵一邊，那很可怕……

3

**固定**

把辮子圍繞馬尾一圈，用夾子固定好。髮尾自然下垂就好。

## 完成！

這樣頭頂顯得很飽滿，簡單又方便，一下子就能做好。

**FINISH**

# 人群中最閃亮的女孩

現在年輕的女孩子都很會打扮自己，光靠一個髮髻就想打遍天下無敵手，那既不現實，也不明智！我們要做人群中最閃耀的那一顆頭!!

1 **紮髮辮**

首先在頭頂取一束頭髮，要扁一點，斜橫在頭頂上。

2 **刮蓬鬆**

用手指倒刮髮束，把已經選好的髮束刮得更蓬鬆一些。

3 **捲髮花**

把刮蓬鬆的髮束從髮尾開始捲，捲成蓬鬆的髮花。

4 **固定**

用夾子固定好，否則之後會散亂。

5 **編加股辮**

在髮花前編一條細細的加股辮。

6 **轉成普通辮子**

當加股辮編到耳際的時候，轉成普通的麻花辮。

**完成!**

哇哦，搞定了！那個久久盤在腦後的髮髻，突然間就華麗變身了，成了可愛唯美的花苞，真的好賞心悅目呢！

**FINISH**

7 **固定**

把這個細辮子纏繞髮花一圈或幾圈，再用夾子固定好。

8 **編加股辮**

在頭另一邊的相同位置也同樣編一個加股辮。

9 **固定**

這個辮子和剛才那個辮子的編法有些不同哦，這個要一直編到耳際爲止，再用橡皮筋固定。

# 戴棒球帽也帥氣

DVD示範 03

變髮難易度 ★★

長髮飄逸的妳，有被男友、好朋友邀請去登山遠足的時候吧？如果是休閒運動裝，那總該搭配一頂俏皮帽子。長髮不紮起來當然不協調，如果紮辮子呢，一摘掉帽子，好端端的秀髮會被壓扁，變得很醜的！還好，我們可以創造應景的髮型！

1

**將頭髮分區，紮好**

把頭髮分成上下兩束，大致均勻，上面那束頭髮可以先用髮夾固定，然後把下面那束頭髮紮成稍低一點不要太翹的馬尾。

2

**捲緊下區頭髮做基座**

還是下面那束頭髮的功課。像扭麻花那樣，順時針方向捲緊，盤成此髮型的基座。

3

**用夾子固定**

用夾子固定好下面那束頭髮，因爲有些朋友的頭髮較厚，所以不妨多用幾個夾子，保證固定髮型的效果。

4

**把上區頭髮的髮尾紮起來**

好了，現在輪到打理上面那束頭髮了。把這部分頭髮的髮尾紮起來。注意，髮梢那一小部分要留出來哦。

5

**疊加進下區基座**

將上區髮繩部分彎進看不見的地方，把髮尾和下區的基座固定在一起，讓上區的頭髮完全把下區基座均勻蓋住。

6

**用夾子固定**

從頭髮的左側和右側分別把蓋住基座的上區頭髮固定，這樣妳在走路的時候頭髮就不會晃來晃去了。

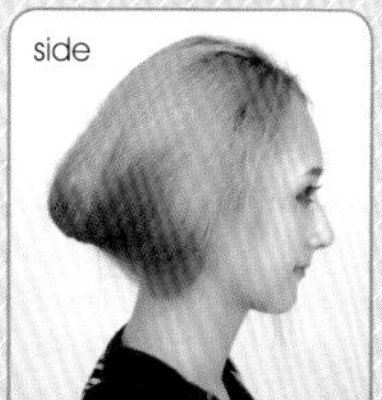


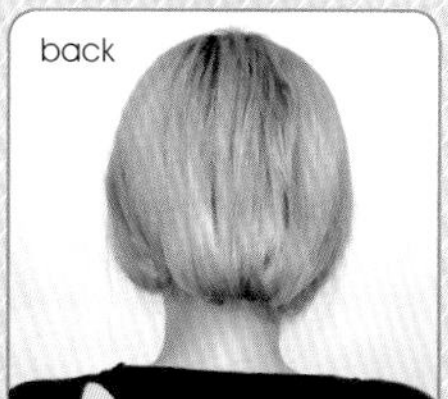


# 完成!

蓬蓬的很休閒，當把造型拆掉時，頭髮會很自然地有點弧度，但是不會被壓扁。直髮、燙髮美女都可以做！

**FINISH**

# 戴草編帽的燈籠辮

配上夏天流行的草編帽，效果也很好哦！或者如果妳願意的話，晚上在裡面放個小的LED燈……就變真的燈籠嘍！（編髮累了嗎？輕鬆一下！）

1
**綁辮子，拉鬆**
先中分，綁好兩條髮束，記得耳朵上的頭髮要拉鬆些。

2
**加橡皮筋**
再在第一根橡皮筋下多綁一根橡皮筋。中間要留一定距離。

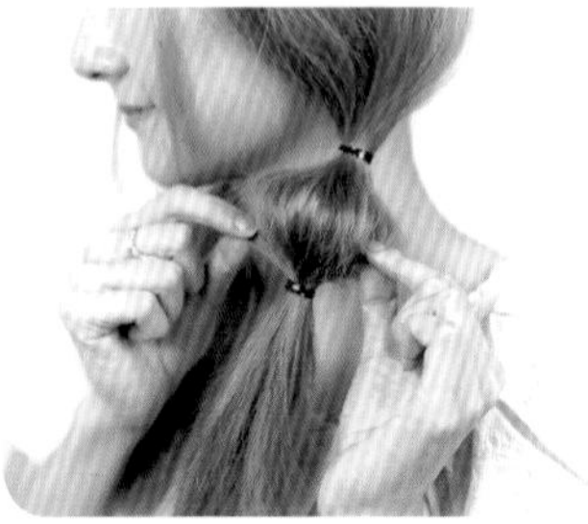

3
**拉鬆**
360度拉鬆兩根橡皮筋之間的頭髮，令它變成立體的圓形。

4
**拉鬆**
兩邊髮辮都這樣做。

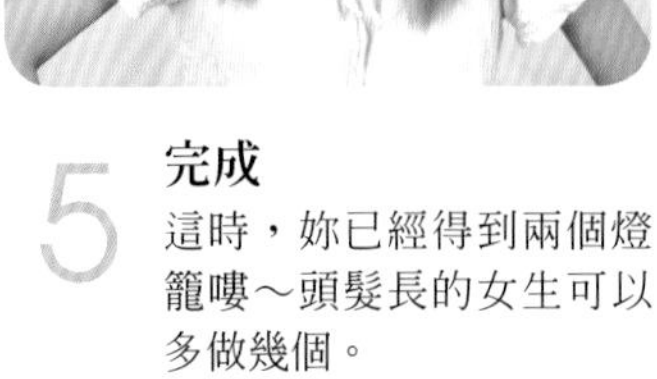

5
**完成**
這時，妳已經得到兩個燈籠嘍～頭髮長的女生可以多做幾個。

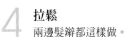

# 完成!

這個髮型在我的影片裡很受歡迎哦！為什麼？因為簡單效果好！

FINISH

# 春天來了 約會髮型

和女性朋友去約會、逛街、喝下午茶的髮型，男生們……不奢望他們會懂~~ =_=|||

變髮難易度 ★★

1

**取劉海**

取兩邊眉峰對上頭頂的劉海。

2

**交叉撕，扭轉**

交叉，每扭轉一次，便撕一次這些頭髮，爲的是讓髮辮變得很自然，不死板。

3

**扭髮尾**

把這個髮辮朝裡往上扭到頭頂，形成一個弧度。

4

**固定**

將髮尾固定在頭頂。

5

**編三股辮**

將兩邊耳際的頭髮都編成細細小巧的辮子。

6

**拉鬆**

拉鬆辮子的紋路。

before
完成！
將兩根辮子別在耳後，是
不是看起來很率真？
FINISH

# 夏天來了 清爽盤髮

35度啊～披頭散髮真的是很熱!!長髮還是要盤起來比較清爽!!啊～舒服!!

## 1 分線

把頭頂中間一側的頭髮分一個大V過另一邊。

## 2 編加股辮

為了將這些頭髮固定在頭的另一側，編加股辮。

## 3 編辮子

加股辮編到耳朵左右，然後繼續編普通的辮子到髮尾。

## 4 重複

另外一邊就在大V區的旁邊繼續重複上面第三步。

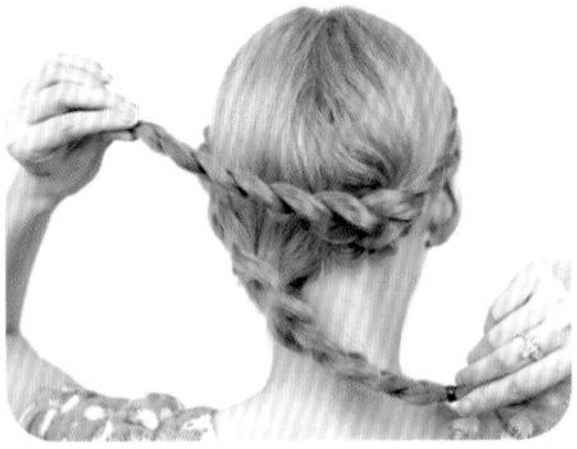

## 5 交叉

將兩條辮子在腦後下方交叉。

## 6 再交叉

成這樣的弧度就好了。

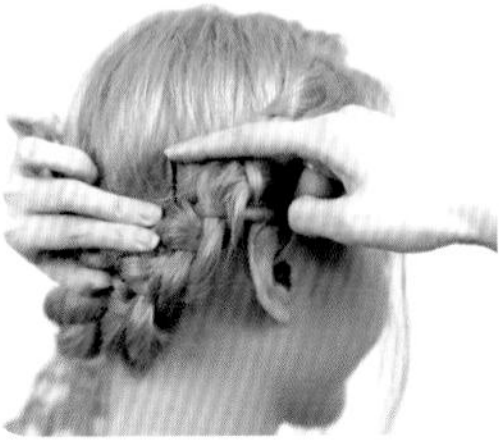

## 7 固定

把髮尾藏在辮子裡，用小黑夾固定，兩邊都是。

## 8 拉鬆

拉鬆後腦的頭髮。

## 完成!

這款髮型非常清爽，很適合夏日出遊。

**FINISH**

# 帥氣運動頭巾綁髮

運動時頭髮最好還是紮起來比較方便，再紮上棉質頭巾。既可以防止汗水流到眼睛裡，又好看實用。一起來做運動風美少女吧！

**1 綁馬尾**

先把所有頭髮收到頭後，綁成一個中馬尾。

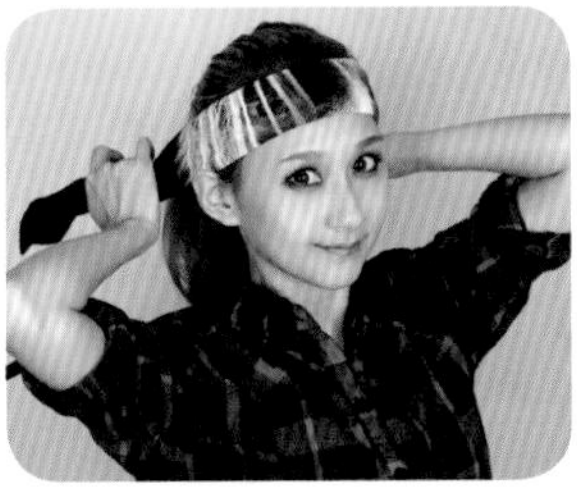

**2 圍頭巾**

將頭巾摺成長條後，圍到額頭上。不要有任何頭髮露出來。

**3 打結**

把頭巾繞到腦後馬尾下面，交叉纏到馬尾上，綁一個結。

**4 綁頭髮**

在馬尾的末端綁上橡皮筋。

**5 摺髮髻**

將髮尾往回摺，收到橡皮筋裡面，摺成髮髻。

**6 固定**

把做好的髮髻往裡捲，捲到底以後，用U形夾固定效果比較好。

## 完成!

動感十足的妳，快燃燒小宇宙，一起到健身房運動吧！為我們的美麗和健康 Fighting！

**FINISH**

# 可愛度滿分絲巾綁髮

絲巾綁不好就會顯得很老氣，但是如果綁得好的話，就會很可愛，很有活力哦～

變髮難易度 ★★

## 1 紮頭髮

暫時把頭髮全部紮起來，不用紮得太緊。把絲巾摺疊成長條形，自然地垂放在脖子上。

## 2 紮蝴蝶結

用絲巾在頭頂斜斜地紮一個蝴蝶結。

## 3 編三股辮

把紮好的頭髮放下來，分成兩邊。先在一邊編一個三股麻花辮。

## 4 編三股辮

另一邊也編一個三股麻花辮。

## 5 交叉

把這兩條三股辮在腦後交叉。

## 6 固定

用夾子固定右邊的髮型。不要把髮尾也固定上。

## 完成！

看起來像不像粉紅兔女郎？可愛不？

FINISH

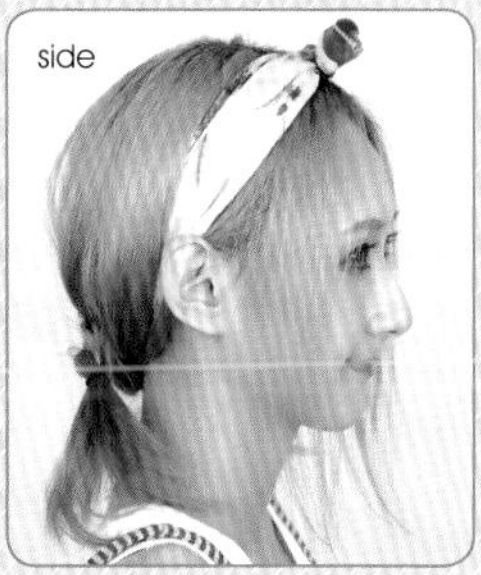

7 **固定**

用夾子固定左邊的髮型。不要把髮尾也固定上。

8 **拉蓬鬆**

把後腦勺的頭髮拉蓬鬆一些。

# 甜美側邊花苞

這款頭髮超級容易，20秒就能搞定，而且很好看~不喜歡盤髮的朋友都可以來嘗試一下這款側花苞。

1 **留劉海**
預留出一部分劉海。

2 **綁花苞**
將頭髮綁在耳後斜側面，弄成一個花苞，髮尾不要全部拉出來。

3 **轉髮**
從後面看就是這樣。將花苞的髮尾，繞橡皮筋轉圈，遮蓋住橡皮筋。

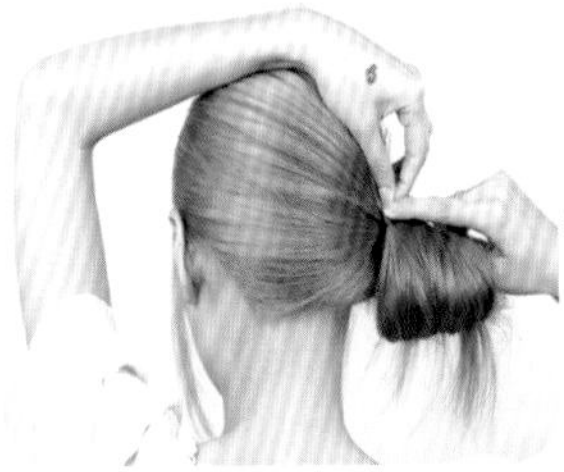

4 **固定**
用小黑夾把髮尾固定好。

5 **固定**
將花苞的上側頭髮向上拉鬆至頭皮，用小黑夾固定。

6 **固定**
花苞下方的頭髮也一樣處理。

7 **戴頭飾，拉鬆頭髮**
戴好髮飾之後，拉鬆頭頂部分的頭髮。

完成！

很自然的髮髻，如果頭髮
比較多，不適合盤髮的，
就可以嘗試這款側花苞！

FINISH

Chapter 4

# 變成 時尚主角的 這一天

可以綁個可愛日系蝴蝶結嗎？

可以當一天韓劇的女主角嗎？

可以有一天讓自己充滿百老匯的氣氛嗎？

可以像走在巴黎街頭的凡爾賽洛可可風嗎？

# 復古馬尾辮

現今時尚領域vintage風盛行，大家都穿復古服裝，背復古包，再蹬上一雙復古鞋。其實髮型也可以變得很vintage哦！而且簡單到妳都不敢相信。

1 **紮馬尾**

先紮一個非常高的馬尾。可以留劉海。

2 **固定**

在髮尾綁一根橡皮筋固定頭髮。

3 **摺髮束**

將整個馬尾向內摺。

4 **固定**

用夾子把髮尾的橡皮筋固定在馬尾的橡皮筋上，這樣就很牢固不會掉啦！

# 完成！

只比平常的馬尾複雜那麼一點點，好掌握吧！

**FINISH**

side

back

# 復古髮繩精靈

現在已經很少人編辮子了，都覺得「三股辮＝不時尚」。其實才不是呢，三股辮一定是要甩在脖子後面嗎？其實也可以編成漂亮的髮繩成為髮飾呢！如果自己的頭髮夠長，就可以用自己的頭髮做，不夠長的話，就只能去買囉～

1 掀開表面的頭髮，取耳朵上方裡層的頭髮編一條非常非常細的三股辮。

2 編好以後，拉到臉的另一邊。掀開表面的頭髮，把辮尾用夾子固定在裡層的頭髮上，再放下表面的頭髮就好了！

是不是很像小精靈？咯咯～

# 華麗含蓄維多利亞風

用亮晶晶的髮飾夾起前額的頭髮。華麗而又含蓄的柔美，維多利亞風情就這樣自然而然地帶出來了。

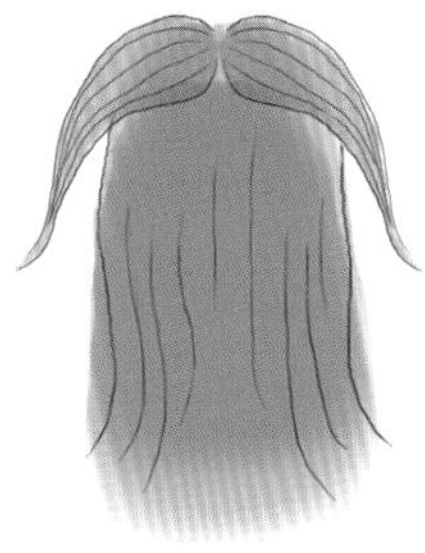

1 分好前額要夾起的頭髮，兩邊要等量分，髮量無需太多，不然會變成長犄角的小龍人。對了，兩邊耳朵上面要留一定髮量，不然臉兩邊會禿禿的。

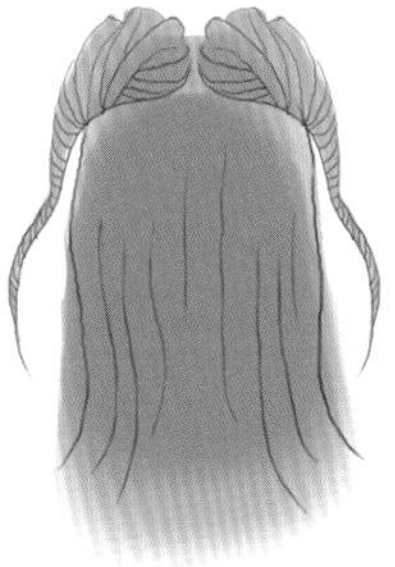

2 將兩邊的髮束全部向內捲（左邊順時針，右邊逆時針），用亮晶晶的夾子夾住。

FINISH

完成！十足的淑女特質，瞬間塑造出高貴典雅的形象。

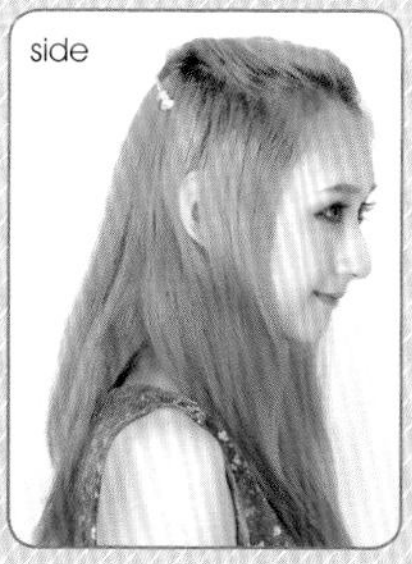

# 凡爾賽洛可可風

DVD示範 07

變髮難易度 ★★

三個由辮子捲成的髮髻，宛如三朵盛開的浪漫玫瑰，再戴上華麗的羽毛髮飾，是不是馬上有了點法國凡爾賽洛可可的味道？

1

**分區**

把頭髮從腦後等分成三份。用頭繩或橡皮筋分別綁好。

2

**編麻花辮**

不要解開髮辮，分別把三份髮束編成麻花辮。

3

**固定**

編好最邊上的髮辮，把它順著髮束根部捲成髮髻，用夾子固定。

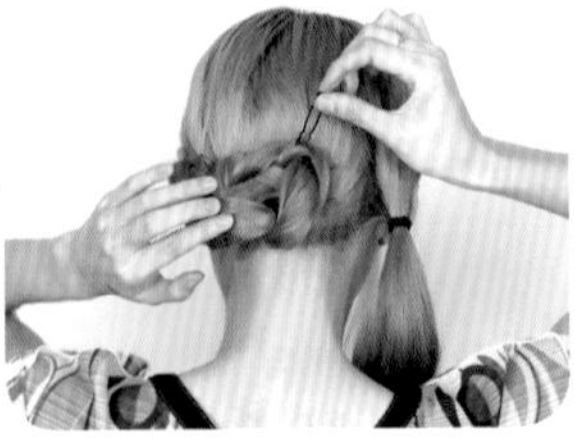

4

**固定第二個**

中間的髮束也是一樣，捲成髮髻，髮髻邊能和第一個的邊邊貼在一起，不要有大空隙，也不要重疊。

5

**固定第三個**

第三個依次做好。

6

**並列固定**

將三個髮髻整理好高低位置，用夾子將它們固定好。然後可以選擇浪漫一點例如羽毛的髮飾戴在頭側。

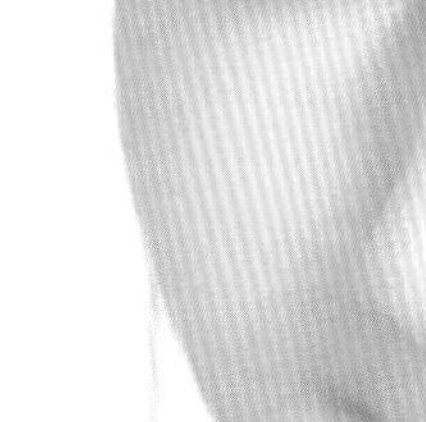


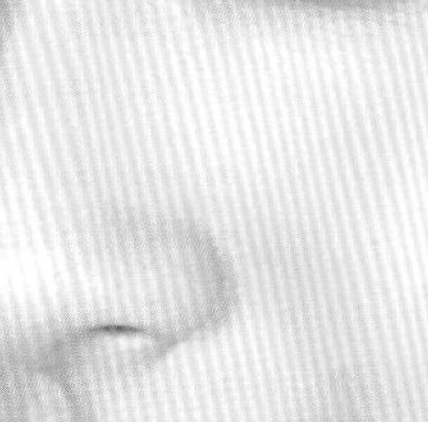


## 完成!

很優雅，而且看起來很專業很複雜的髮型，其實超簡單！

**FINISH**

# 立體感十足 浪漫派

DVD示範 10

正面看一下沒有什麼殺傷力，其實後面暗藏玄機。每個人看到後面，就無法招架地很想看看正面的樣子。

1

**分區**

將頭髮分為上下兩區，把下區的頭髮靠側邊綁起來。

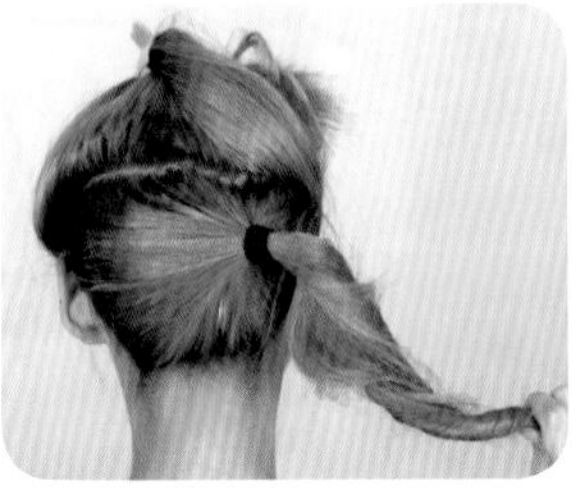

2

**逆刮、扭轉**

用梳子或直接用手將下區的髮束從下向上逆著刮一刮，然後再從髮尾開始往上扭轉。

3

**固定**

捲成髮髻，用夾子固定在側邊。

4

**鬆開頭髮**

將上區的頭髮放下來，不要蓋住下區的髮髻。

5

**固定**

扭轉幾下髮束，用夾子固定。

6

**拉鬆**

將頭頂後腦勺部分的頭髮拉鬆一點。

before

side

back

## 完成!

這款髮型的魔力好大，這麼有立體感，又可以將妳的臉形襯托得嫵媚不已，風情萬種，好有滿足感！

**FINISH**

# 鄉村田野森林女孩

風和日麗的下午，我們是不是要去戶外草地來個下午茶？回歸大自然，一陣陣風吹起微捲的髮梢……這時，再喝一口紅茶。啊！我也太浪漫了吧~

1 **中分編加股辮**

將所有頭髮中分，從前面的劉海開始往下編一股細細的加股辮。

2 **綁好辮子**

這次加股辮要編長一點，編到下顎附近為止，綁好。

3 **中分編加股辮**

將另外一邊的頭髮也從前面的劉海開始往下編一股細細的加股辮。

4 **編好辮子**

這樣子兩邊就一樣了。

5 **合併綁好**

把兩條加股辮，有一點弧度的繞到腦後，用橡皮筋綁好。

6 **調整**

拉蓬鬆後腦勺的頭髮。

7 **燙捲**

用捲髮棒把一邊髮尾往內捲。

8 **燙捲**

另一邊髮尾也一樣往內捲。

# 完成！

和好友一起輕輕哼唱鄉村風音樂，傾聽耳際陣陣的風聲，張大嘴巴呼吸田園野外的花香。哦，我真是個什麼時候都很應景的女孩。

**FINISH**

# 百老匯氣質

隨性盤起的頭髮，簡潔大方，不用任何髮飾就已經有高貴端莊的氣質……

### 1 綁馬尾

把頭髮平均分，鬆鬆地綁成兩個低馬尾，拉蓬鬆頭頂的頭髮。

### 2 逆刮

把髮束用手逆梳，刮蓬鬆。

### 3 捲髮包

把蓬鬆的馬尾向上向內捲，捲成長形髮包後用夾子固定好四周。

### 4 固定

另外一邊也是。固定時不要讓兩個髮包中間有縫隙，看著像是一個大髮包最好了！

before

side

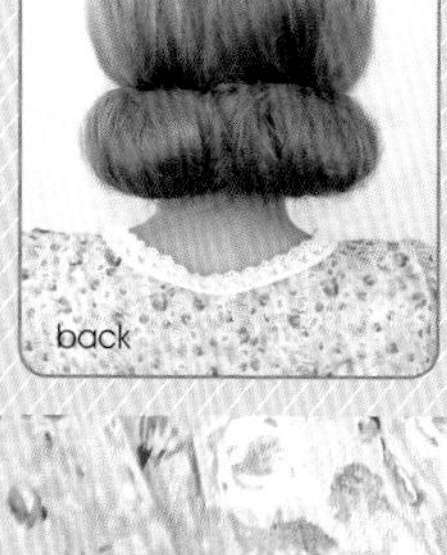

back

## 完成!

怎麼樣？是不是看起來好像燙過？我怎麼這麼厲害啊，哈哈！

**FINISH**

# 好萊塢成熟感明星捲髮

變髮難易度 ★★

DVD示範 04

很多女孩都超迷好萊塢明星吧！這次我就來複製她們出席宴會時的成熟風情！不信？請接著看。

1 **扭轉**

首先在頭頂中間抓出一束頭髮，別太粗哦！將這束原本向某側偏的頭髮反方向摺過去，再取劉海部分髮束，將兩束頭髮沿著髮際線往斜後方扭捲。

2 **繼續扭轉**

在這束頭髮下再加一束等粗的，同樣往後扭捲。等扭成一股之後，把這兩束頭髮匯合在一起，繼續扭捲。

3 **接著扭轉**

再把一束頭髮加進去，不厭其煩往後捲，捲捲更漂亮！

4 **不停扭轉**

以此類推，將左邊部分的頭髮都一併捲完。（怎麼知道捲完啦？摸摸後腦勺中縫，捲的這側頭髮都進去了，沒有漏出來的就好了！）

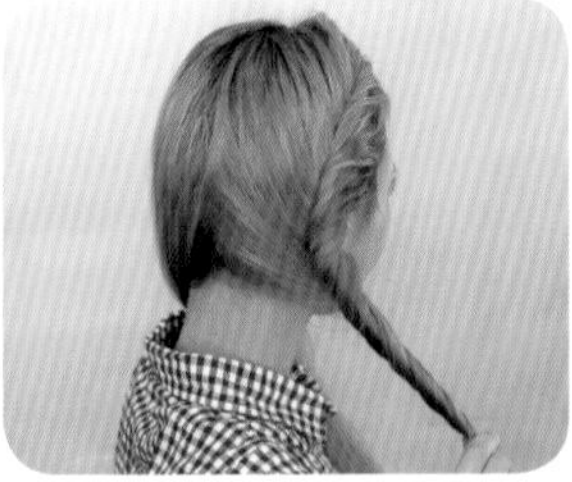

5 **換邊**

從側後方看是這樣的！這時妳會發現，妳已經騰不出手去扭捲另外一邊的頭髮了。怎麼辦？

6 **固定**

讓我教你！！！用嘴巴哦！聰明吧？

## 完成!

完成啦！是不是清爽又高雅？沒有嗎？那是因為格子衫的緣故，換件小黑裙一定超級完美！

**FINISH**

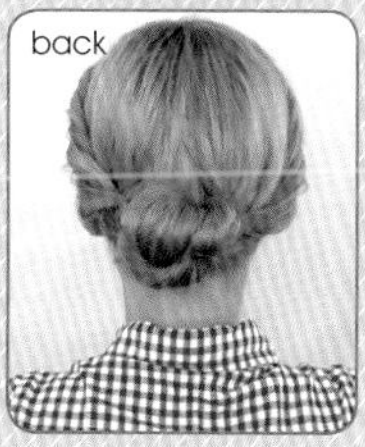

### 7 扭轉

嘻嘻，右邊的頭髮也很輕鬆地扭捲好了。

### 8 扭成髮髻

把兩條扭捲好的髮辮，在腦後中間交叉（不要太低哦），再將兩條都朝向一個方向扭捲成一個漂亮的髮髻。

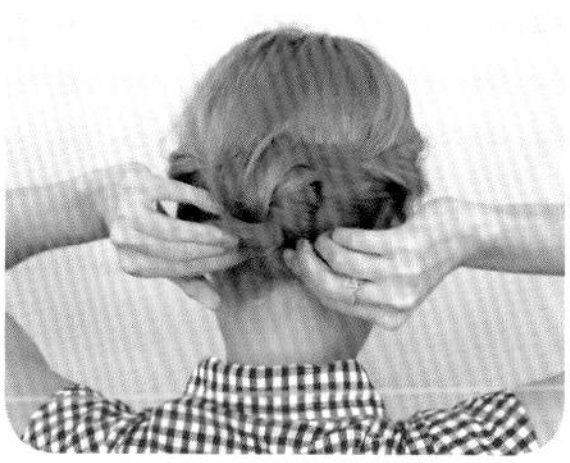

### 9 固定

用小黑夾子固定好。擔心散掉的話，可以在前後左右各固定一個，然後在兩邊辮子尖處從外往裡各插一個。要小心啊！

# 可愛日系蝴蝶結

變髮難易度
★★

DVD示範
09

大大的蝴蝶結，簡單綁一綁，再加上前衛的眼妝，就可以擁有日本可愛系女孩風的味道。

1

**綁一個髮髻**

把頭髮用手握在一起，放到頭頂較高的位置，對摺，然後用橡皮筋綁住對摺的部分，這樣髮髻就綁好了。記住，要多留出一些髮尾。

2

**把髮髻分成兩半，掰開**

開始變「蝴蝶」了哦。把髮髻大小均勻地分成兩半，就像掰開花瓣那樣，然後用兩隻手輕輕捏住。如果有一些髮尾留下也沒關係哦。

3

**用髮尾和夾子做固定**

擔心多餘的髮尾？現在髮尾可以派上用場了。把髮尾往中間多繞幾圈，然後用夾子固定，這樣可以讓妳的「蝴蝶」更有層次感和立體感，而且很牢固。

## 完成!

這種髮型在乾淨俐落中帶著些前衛，讓妳一下子晉升Fashion Icon。

**FINISH**

# 當一天韓劇女主角的閃亮

變髮難易度

★★

韓劇中美女們的髮型都超美，看著就是隨性撕開的花風苞，淩亂中透著個性的甜美。這次我們也來學做一款，這個髮型的重點就是隨性撕開，夾亂，讓人看不懂是怎麼弄的……嘿嘿，所以怎麼好看怎麼夾就對了！

1

**分區，紮髮束**

首先，把頭髮分成上中下三區。把上區頭頂的髮束暫時夾起來，把中下兩區的髮束紮起。把頭髮從髮繩中拉出來，大致拉出半個花苞的樣子。

2

**交錯、撕開、紮髮髻**

把中下兩區的花苞，相互交纏，往外撥開撥亂，用夾子固定成一個大大的花樣美髻。

3

**扭轉、固定**

再把上區的頭髮扭轉，彆扭得太死貼頭皮，梳蓬鬆點用夾子固定，記得把髮尾藏在髮髻裡面哦。

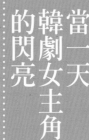

# 完成！

別忘了，能和妳的絕佳笑顏Match的，還有全部用真髮綻放出的美麗花苞哦！

**FINISH**

# Chapter 5 今天我想換心情

如果參加舞會的時候要什麼樣的妝扮呢？
如果要當一個甜心惡魔可不可以呢？
如果第一次約會，他會不會注意我的頭髮？
無論如何，
我都想當個蜂蜜果凍女孩
讓自己天天開心！！

# 不會遲到的晚宴頭

變髮難易度
★

上大學開始就有晚宴活動需要出席了。往往是磨磨蹭蹭終於化好妝，可是髮型完全不知道怎麼辦。離晚宴只有很短時間了，這時候坐車去髮型師那嗎？沒時間了！總不能就這樣出門吧？太有損本公主的形象了！

1

**紮頭髮**

把頭髮全部紮在腦袋側面的中部，注意髮尾不要拉出來哦。

2

**挖洞**

在髮束的正上方，挖一個洞洞，嘿嘿。

3

**塞頭髮**

把髮束全部從上往裡面塞進去。簡單吧？

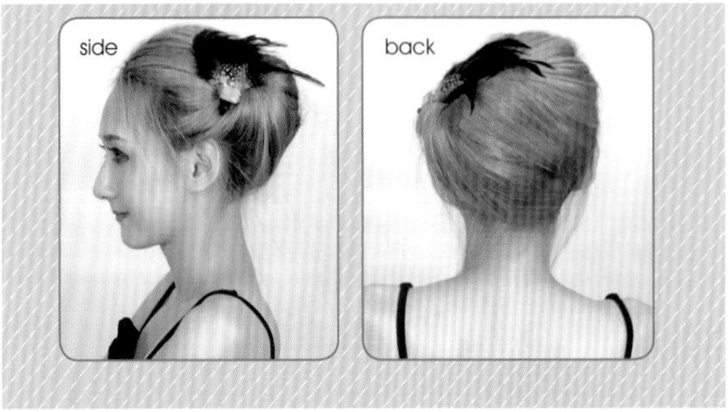

完成!
幾秒鐘就能搞定的晚宴
髮型，趕緊赴約去囉！
FINISH

# 發揮電捲棒神效專業捲捲髮

變髮難易度 ★★★

彎曲的弧度，柔美的線條，鬈髮絕對是增添女人味，同時修飾臉部線條的最佳髮型。這款全部向內捲的髮型是小臉髮型的首選款式哦！（有沒有覺得臉隨著髮型完成度越來越小～ =.= 是我一個人的幻覺嗎？囧）

**1 分區**

將頭髮平均分成左右兩區。

**2 捲髮**

然後再把右區的頭髮垂直分區（別把劉海也分進去），根據髮量多少，還有妳想要的髮捲密度，將頭髮分成4～6份。用電捲棒從髮尾開始向內（自己臉的方向）捲至髮束中段。

**3 注意角度**

捲髮時，先把那一區頭髮拿到和臉大概45度的角度，捲髮棒和臉垂直，把髮尾放進捲髮棒開始捲的時候，捲髮棒可稍微往外側傾斜一點。這樣捲出來的效果很棒。

**4 重複**

重複以上步驟捲完另一邊的頭髮。

**5 捲劉海**

該到劉海了。小心不要燙到臉哦！劉海千萬別捲太密，電捲棒也不用停留太長時間。也是一樣向內捲。

**6 捲劉海**

看，這樣稍微往後扣效果剛剛好。

**7 定型，蓬鬆**

捲好之後噴上定型產品，待溫度冷卻捲度固定後，用手指伸進髮根，蓬鬆髮根。

## 完成！

媲美專業級鬈髮吧？啊，
連我自己都滿意死了！

FINISH

# 轉轉轉，轉出特色馬尾

還紮著清湯掛麵的馬尾辮？滿大街都是馬尾辮，太沒有創意了吧。想與眾不同的話，那就試試這款龍蝦般的馬尾吧，乾淨俐落又很特別哦～

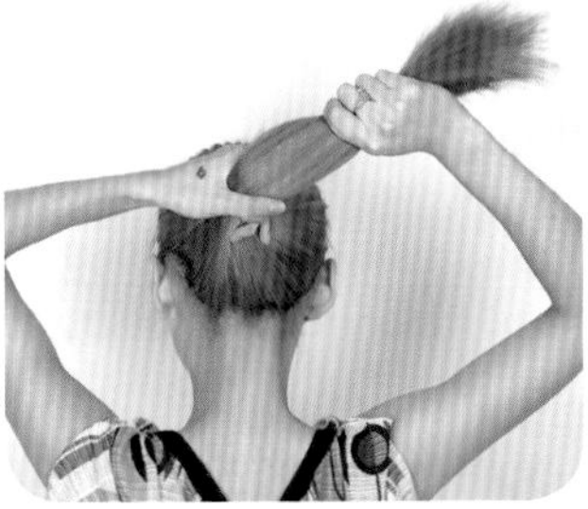

1

**馬尾**

首先用手把全部頭髮都抓到後腦勺中間轉起來。

2

**轉轉轉**

開始變長長的「龍蝦」了！先把頭髮向內側扭轉（順時針的話就是邊轉邊往右側扭），再把頭髮往下扭轉，捲到脖子處就可以停啦。

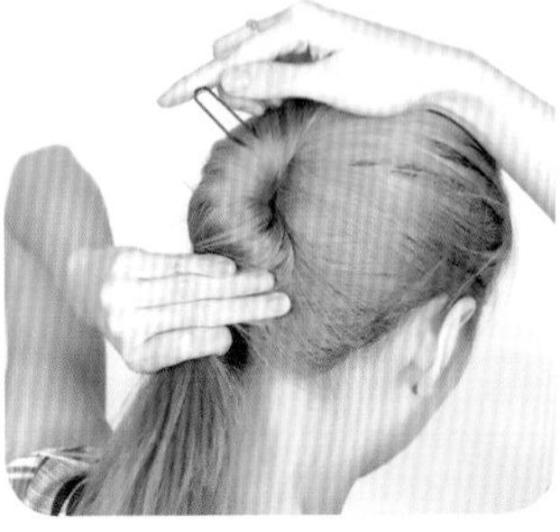

3

**固定**

一隻手固定頭髮，另一隻手將頭髮上部用U形夾固定，根據頭髮的厚度，可以從不同角度固定髮型。

4

**固定**

同樣的方法，將頭髮的中部用夾子固定。

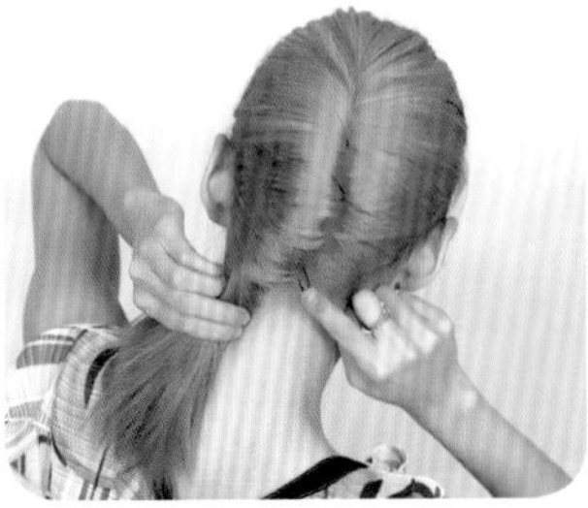

5

**固定**

以此類推，將頭髮的下部用夾子固定，特別注意髮捲在變成直髮的那個點一定要固定好，不然髮捲會散掉。

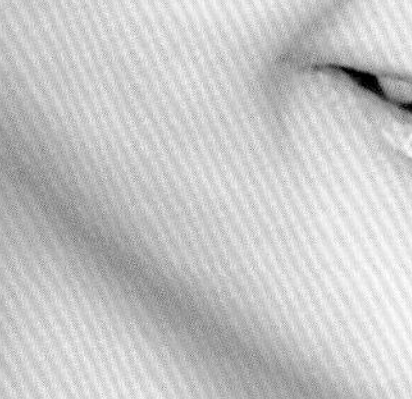

# 完成！

恭喜妳！迅速得到一隻充滿靈氣的龍蝦！

FINISH

# 上班族亮點第一名

貌似一款普通的公主頭，其實是有玄機藏在裡面的喲。飽滿的後腦勺，看起來令頭部線條更好看了！

1
**捲髮髻**
首先把後腦勺中間的一小部分頭髮捲成髮髻，用夾子固定，作爲這個髮型的基礎。上面預留的頭髮則用髮卡固定。

2
**扭轉**
將上面預留的頭髮自然地鋪蓋下來，在遮住打底髮髻之後，扭轉這部分頭髮。

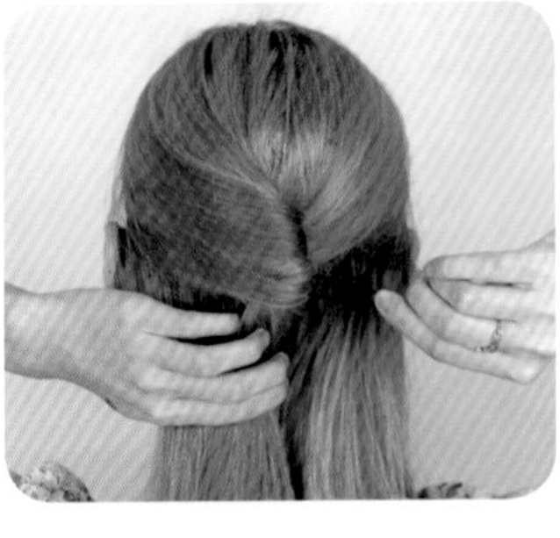

3
**固定**
扭轉只是爲了讓上面的頭髮看起來更蓬鬆，不用扭太多，用夾子固定髮型。

side
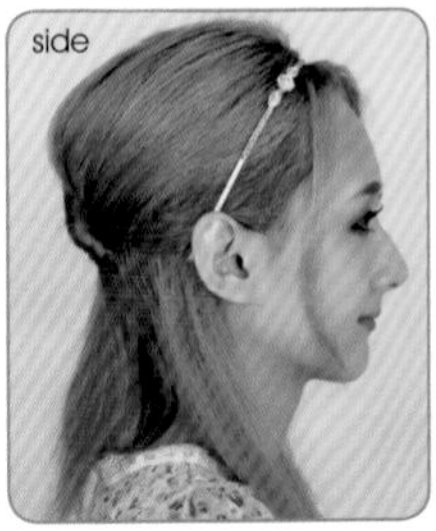

back
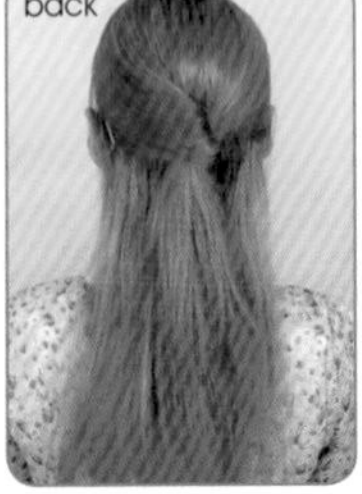

**完成！**
用上喜愛的髮箍會更加幹練乖巧，真是人見人愛！
FINISH

# 捲髮美女最愛第一名

這款髮型如果是鬈髮美女做起來非常容易，10秒鐘就能搞定。但如果是直髮美女也想嘗試，那就需要用捲髮棒先做一下捲髮處理。

1

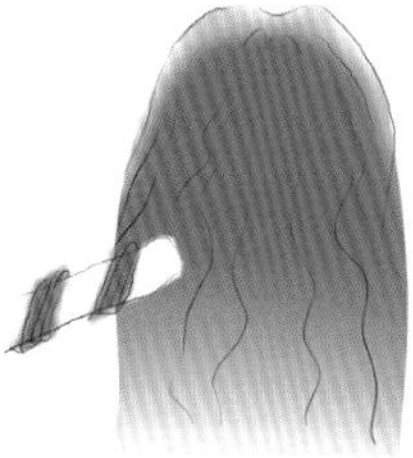

首先把頭髮全部向同一個方向捲，捲成大波浪就好。

2

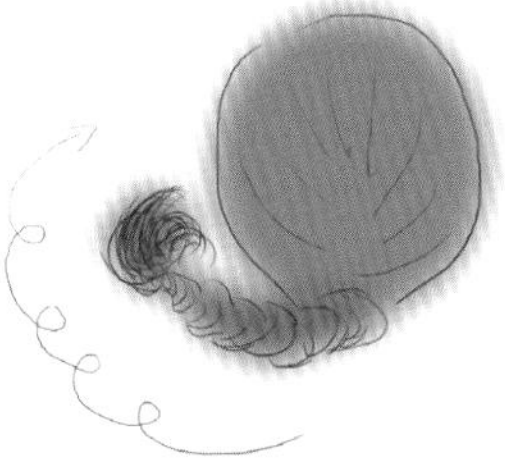

再把全部髮束向內扭轉。

3

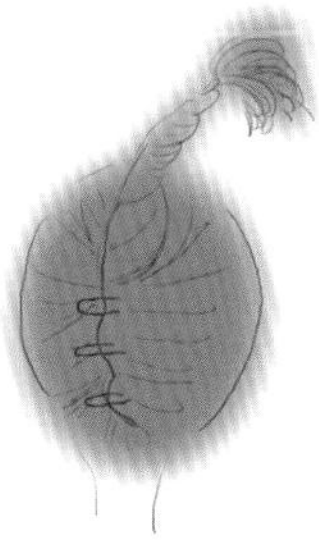

將扭轉好的髮辮倒立起來，用夾子固定好髮束的中下部分後，把髮尾打亂放下來。

打亂的髮尾剛好散在頭頂到臉頰中間的部分，有點慵懶有點嫵媚，將風韻散發到了極致。

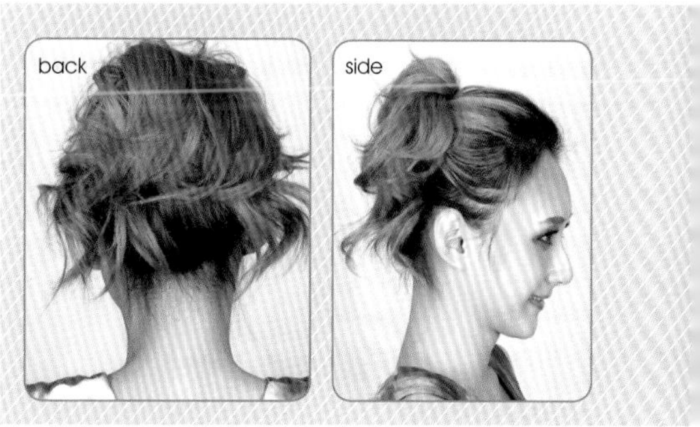

# 甜心氣質惡魔

甜美的髮型，甜美的裝扮，這樣出去哪個男生不注意到妳呢！

1
**綁四股辮**
取頭頂偏向一側的頭髮（前面留一些劉海），向另一側摺過去編不要太粗的四股辮。四股辮編法先照一般三股辮方法編，編第二股時，先在每束頭髮裡分別加入附近的頭髮，再編，後面如法炮製即可。

2
**盤髮髻**
編到髮尾之後，從髮根向外捲，捲成髮髻固定在耳邊。

3
**加髮飾**
在劉海下面戴上窄髮帶，別一些小巧的花髮夾。

4
**捲髮尾**
用電棒捲夾住髮尾，朝內（自己的方向）斜著捲兩圈（斜著捲的目的是讓波浪更自然），停留一小會即可。

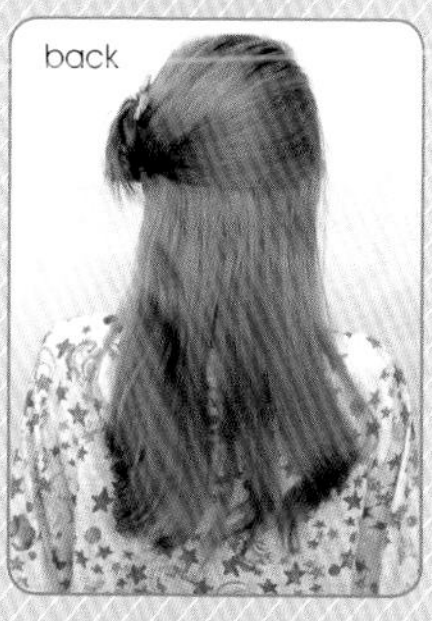


## 完成!

如果是年齡比較大不喜歡可愛風，不用花髮夾和髮帶。一兩顆小水鑽髮飾是不錯的選擇。

**FINISH**

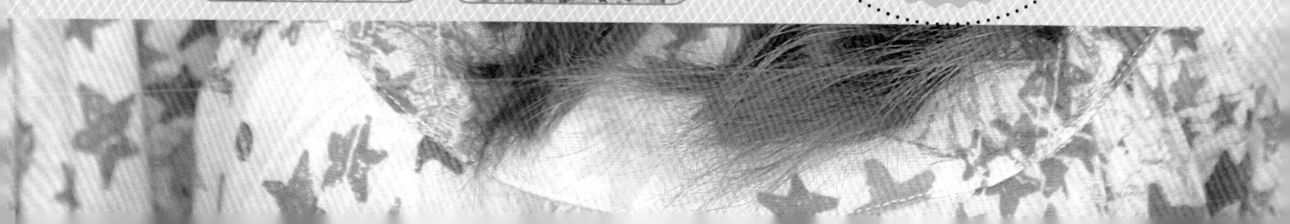

# 簡單活潑誰都愛

時尚的編髮配上長裙，柔美度和整體感會倍增哦！

**1 分線**
將頭頂一側分一縷大V形頭髮過另外一邊，分線會讓髮型變得活潑。

**2 編加股辮**
將大V沿著耳際編成加股辮。

**3 拉鬆**
然後把加股辮的線條拉鬆，讓辮子更加自然。

**4 梳髮**
把剩下的頭髮梳到辮子這側。

**5 綁馬尾**
用加股辮纏繞側馬尾，綁緊，用小黑夾固定。

side
back
before

# 完成！

每做完一款髮型，我都覺得我又為大家做貢獻了。這麼簡單，真的是誰都學得會！

FINISH

# 柔美低調蜈蚣盤髮

別稱技巧型，實力派盤髮。如果妳做不來，也是可以原諒的！做得來的話……可以預防老年癡呆症吧~（來點小幽默）

變髮難易度 ★★★

**1 編加股辮**

整頭編一個加股辮到脖子處。再複習一次加股辮編法哦！按普通麻花辮的方法編一次，然後再取一股續編上次三股其中的一股合成一股，始終保持三股頭髮，按此類推，不斷按三股先後順序續接地編。

**2 綁好**

用橡皮筋綁好，髮尾不要全部拉出來，揩到髮辮裡面。

**3 卷辮子**

然後將辮子往裡捲，捲到耳朵處就好，將髮尾收好。

**4 固定**

用U形夾把辮子和旁邊的頭髮固定好。

**5 戴髮飾**

挑個妳喜歡的髮飾別在髮辮上，blingbling閃亮感十足！

before

side

back

## 完成!

這個髮型稍微有點麻煩，
學會了妳就是變髮達人
啦！

FINISH

# 正式高貴丸子頭

只是多加一個步驟，丸子頭也可以很正式，很高貴哦~

1 **梳馬尾**

在前額（劉海區）的斜側留一縷比較長的頭髮，把其他頭髮全部綁起來梳成俐落的高馬尾辮。

2 **編三股辮**

然後把留出來的頭髮，編一個很細很整齊的三股麻花辮。

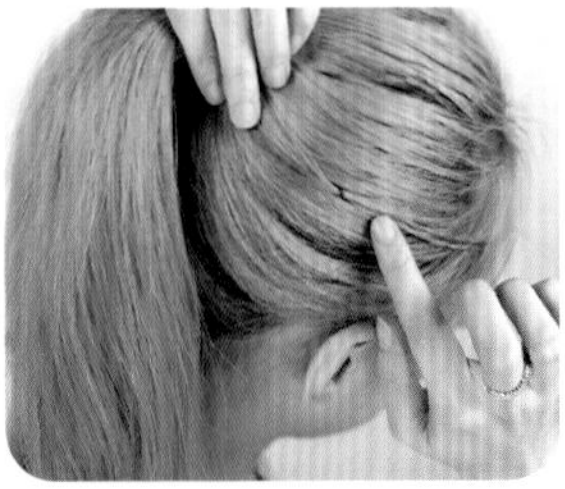

3 **用夾子固定**

把這個麻花辮橫過額頭到另一側，往上收並用夾子固定好辮子的髮尾。

4 **分髮**

把綁起來的髮束分成兩個部分。用其中的一份朝一個方向捲，繞著辮子根部捲花苞，一邊捲一邊用夾子固定。

5 **捲花苞**

把另一份頭髮也捲起來，朝前一個花苞的反方向卷花苞。

6 **固定**

用夾子把這兩個花苞固定好。

## 完成！

怎麼樣？只是在普通的丸子頭前面加了一個精緻的髮辮，清純又高貴的感覺嗖的一下就來了！

**FINISH**

# 怦然心動戀愛風

DVD示範 12

從綁好這款頭髮開始，一切都要開始收斂咯～說話不能大聲，微笑不能露齒，吃東西不能發出聲音，動作要優雅。囧，綁這頭髮做人好辛苦～～

**1 編加股辮**

留一些劉海，將耳朵以上的頭髮編成加股辮，到耳朵開始就編正常的辮子就好了，編好後找個夾子夾一下。

**2 編加股辮**

另外一邊也一樣。

**3 綁到腦後**

然後把兩股髮辮綁到腦後。記住要多留一些髮尾。

**4 纏繞**

取髮尾左邊一小束頭髮繞在橡皮筋附近。記住，不要緊緊綁住橡皮筋，要留個小圓弧。

**5 固定**

用小花髮夾固定辮子。

**6 固定**

取右邊一束頭髮繞在橡皮筋附近，用小花髮夾固定。要點同上。這樣兩束頭髮就形成了一朵小花。

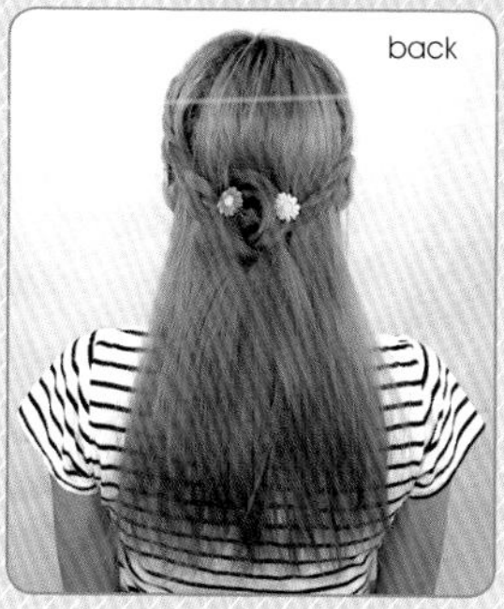


## 完成!

試想自己身處風景如畫的田野，熏衣草的香味撲鼻而來……而他，注意到我了嗎？

**FINISH**

# 蜂蜜果凍 天天開心

DVD示範 11

看起來很複雜，其實很簡單！當妳做好這款髮型，相信身邊的朋友都會不斷驚歎妳的一雙巧手！

變髮難易度 ★★

1 **分區**

把頭髮分成上下兩區，上區頭髮夾好。把下區頭髮轉成髮髻。這個髮髻要稍微側向頭的一邊，但是要留點空，好爲下面的小髮髻留層次。

2 **固定**

用夾子把下面的髮髻固定好。

3 **分區**

把上區頭髮散開，再分成兩區，把其中的下區頭髮彎向下面大髮髻側的那一邊更外面，盤成小髮髻。

4 **扭轉**

把剩下的上區頭髮向下扭轉。

5 **固定**

一邊扭轉一邊把髮尾圍繞兩個盤好的髮髻一圈，固定。如果頭髮不夠長，能繞到哪就固定到哪。

before

## 完成！

完成了？對啊！就這麼簡單。有好看的頭飾可以選一個戴上，還可以有固定的作用呢！

**FINISH**

# 來編一個蝴蝶結

利用綁頭髮的技巧，用自己的頭髮綁出可愛的蝴蝶結。我要說：頭髮就是妳最好的髮飾！

1 **綁髮**
取頭頂一部分頭髮（髮量大約全部的1/3），用橡皮筋綁一圈，手繼續撐著橡皮筋。

2 **拉出髮髻**
綁第二圈時，髮束不要全部拉出，綁成髮髻。

3 **綁一半髮**
綁第三圈時，把髮髻平分扯成兩半，橡皮筋只綁其中的一半。

4 **固定**
用夾子固定蝴蝶結的一邊，把蝴蝶結大翅膀內側頭髮和頭上原有的髮夾到一起。大翅膀外面不要露出黑黑的髮夾哦！

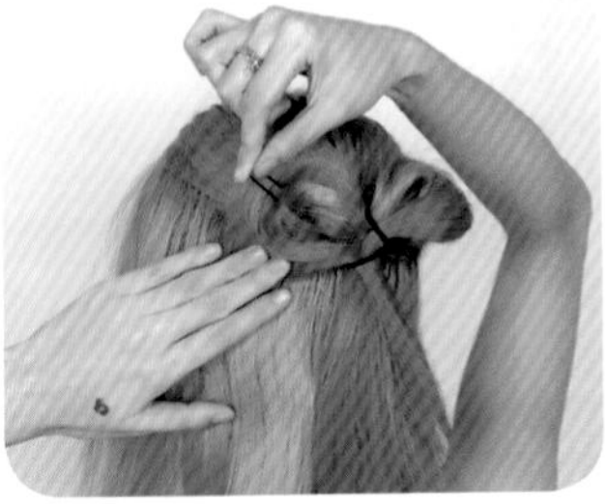

5 **固定**
另一邊也同樣用夾子固定。

6 **成形**
這時第一個蝴蝶結就已經做好了

## 完成！

從遠處看，這簡直就是藝術啊！設計感十足！如果想像我照片中那樣，就在做第三個蝴蝶結時預留很少的髮量，散到脖子兩邊就好。

FINISH

side

back

7 **蓋髮尾**

將下面的頭髮橫向分成兩份，用上半區的頭髮蓋住第一隻蝴蝶的髮尾，繼續綁髮。

8 **綁髮**

用這些頭髮繼續綁出第二個蝴蝶結。

9 **綁髮**

以此類推，做第三個蝴蝶結。

Chapter 6

# 8個角色，8個造型，8個好心情

已經熟悉了前面的多款髮型之後，
現在讓我們來全身變身一下吧。
我選了波希米亞風、白領OL、極簡歐美風、
成熟知性女、中性風、龐克風……
從髮型到化妝到服裝，讓妳完全煥然一新～
來～嘗試看看！

角色1

## 濃烈的浪漫氣質 自由不羈的 波西米亞風

說到波西米亞風妳能想到什麼？鬆鬆垮垮的，少數民族的，色澤暗淡的，刺繡多多的，層層疊疊的？其實不然，現在波西米亞風眞是熱到爆！這一節，我帶妳領略一下波西米亞風的魅力。

**服裝**：小碎花圖案的及踝長裙，搭配一雙平底鞋是波西米亞風格的關鍵。飾品是重點中的重點，髮帶、手環缺一不可，波西米亞風就是飾品多多多。

**化妝**：用褐色小煙燻打造迷濛的雙眼，帶出神秘感。腮紅、口紅都選用偏冷色調的粉紅來配合頭飾和及踝長裙。

**髮型**：選用淩亂浪漫的鬈髮才更能夠襯托出波西米亞甜美迷人的風情。

## MAKEUP

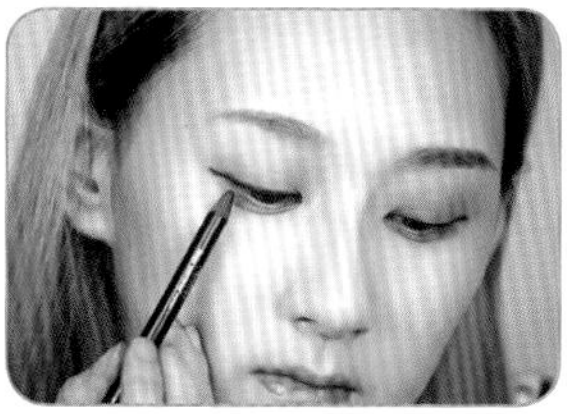

1 用眼線筆從眼頭勾畫出上眼線，眼尾稍向下拉。

2 用眼線筆勾畫出下眼線，和上眼線尾匯合到一點，將眼尾三角區塗實。

3 把褐色帶閃粉眼影塗滿雙眼皮褶，暈染開來。單眼皮則塗整個眼皮的三分之一即可。

4 把褐色閃粉眼影塗在下眼角處，暈染開來。千萬不要塗滿整個下眼瞼。

5 戴上較濃密的上假睫毛。

6 只在下睫毛刷上睫毛膏即可。

7 腮紅以畫圓的方式，打在笑肌頂點上。

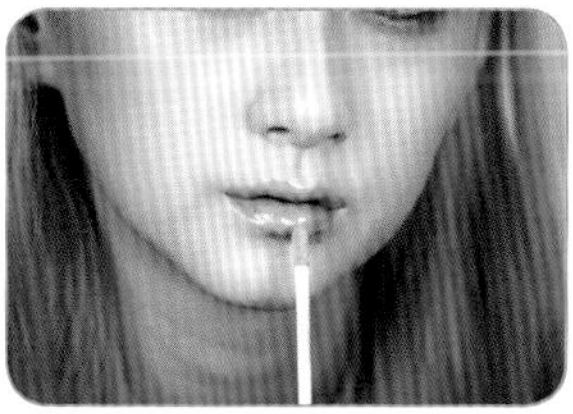

8 塗上粉色的唇膏。

1 垂直分區，把頭髮分成一束爲一區，用捲髮棒向內捲。

2 第一捲向內側捲後，緊貼第一捲的第二捲向外側捲。

3 以此類推，交替內外捲，捲完全部頭髮。

4 將劉海梳到前面，用手抓好，塞於一側耳後。

5 戴上髮帶，能更好地固定劉海。

**異域風情和自由不羈**的風格讓人神往！準備好妳的化妝台，打開衣櫃，跟著我，

**一起把波西米亞風發揮到極致吧！**

## 角色2

# 百搭白領的 精緻女人味

簡單大方是OL系的特點，所以無論穿戴什麼，都要遵循精緻的原則，才能塑造出白領優雅的質感。雖然很幹練，但是添加的小細節又體現女人味哦～

**服裝**：OL必備的基本款西裝外套，配上白色小背心，再加上卡其色西裝短褲。重點在鞋子和細皮帶、手鐲上。時尚的裸色踝靴，既可以令腿的比例拉長，又為基本款搭配添上流行感。精緻的細皮帶和手鐲為整個造型增添了別致的小細節。一切既簡單大方又精緻可愛！

**化妝**：抓住精緻這個重點。整體顏色控制在棕色範圍內，眼影選用微微帶閃粉的，低調中閃著靈動的光芒。

**髮型**：當然也要簡單精緻啦，搭配是要從頭到腳整體一致的！

## MAKEUP

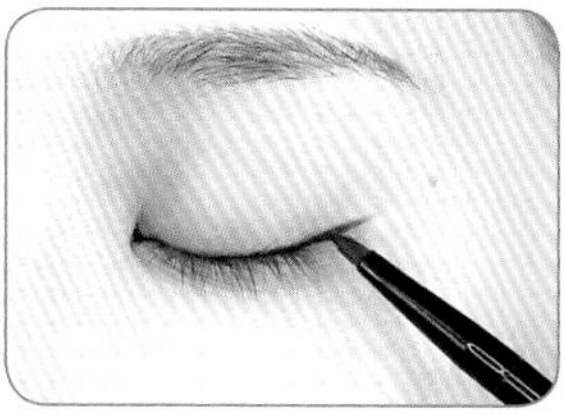

1 蘸取眼線膏，畫一條細眼線。

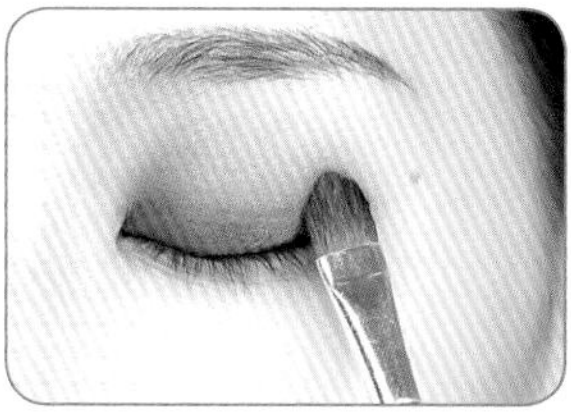

2 用眼影刷刷上赭石色帶珠光眼影。

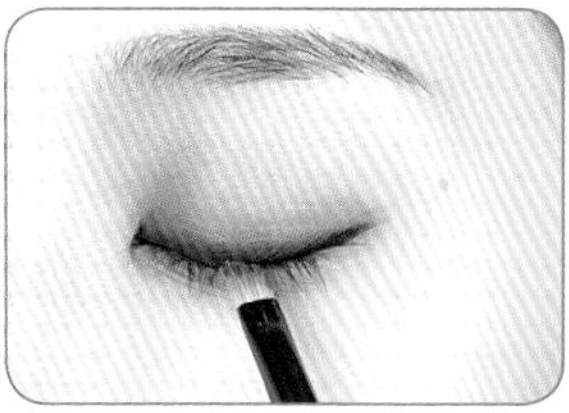

3 再用眼線筆蘸上黑色亞光眼影暈染在眼線處，使眼線有自然漸層的感覺。

4 用赭石色珠光眼影塗在下眼瞼處（塗下眼影非常重要，有令眼睛放大一倍的效果）。

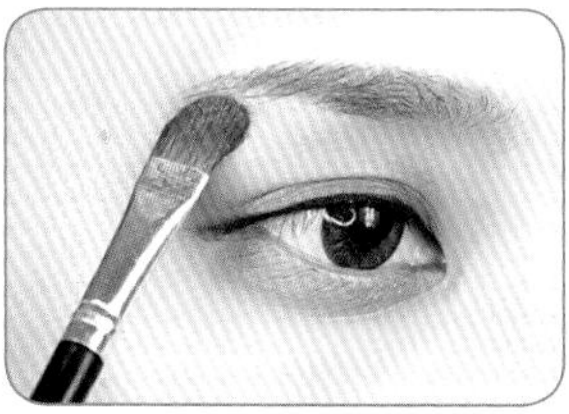

5 在眉骨刷上米黃色珠光眼影，令眼睛的輪廓更立體（不過淡淡的、若有似無就好哦～ 太明顯的反光很容易顯得俗氣）。

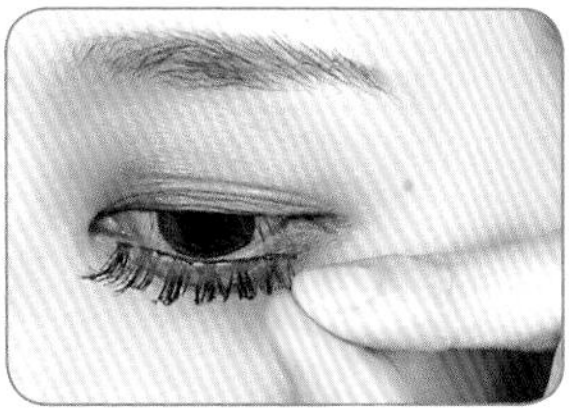

6 戴上手工自然款假睫毛。

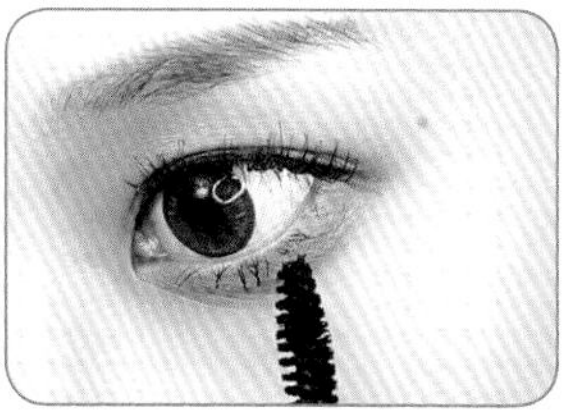

7 刷一下下睫毛。

8 腮紅以打鉤的方式刷，會令人看起來有氣色又溫和nice。

9 搽上橙色口紅，會令人感覺很溫暖。

1 將頭髮中分，在左邊取前面兩束頭髮。

2 前面的頭髮往後繞以X形交叉扭轉。

3 扭轉成髮束後，再加一束側面的頭髮。

4 添加後繼續以X形交叉扭轉。

5 以此類推，將耳上部分的頭髮全部扭轉。

6 用橡皮筋綁好固定，塞在耳後。

FINISH
這個造型是不是看起來
非常柔和親切呢？
和這種造型的女生一起辦公，
感覺應該很舒服
很開心吧！

## 角色3

### 最潮的
### 極致簡約
# 歐美風

歐美風就是隨性簡約。不要金絲銀線，也扔掉蕾絲皮草。
Less is more！ 態度非常重要。

**服裝**：歐美風都是由經典百搭的單品組合而成。短牛仔褲人人都有吧，配上寬鬆的薄料棉T恤，再套上格紋襯衫，完成！ 很容易吧？要體現流行元素的話，重點就在腳上，短靴配上穿到腳踝邊的長襪，流行就在這裡體現咯～

**化妝**：我偏向於清新的淡妝，但在眼尾做一些加強，簡單又不失女人性感的一面。

**髮型**：利用直髮器稍稍把頭髮的順滑感、光澤感、蓬鬆感做出來就可以了。記得歐美風就是簡單！

# MAKEUP

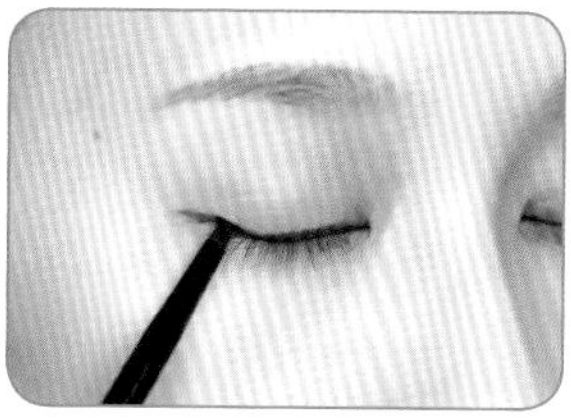

1 用眼線膏勾畫出上眼線，眼尾稍微拉長。

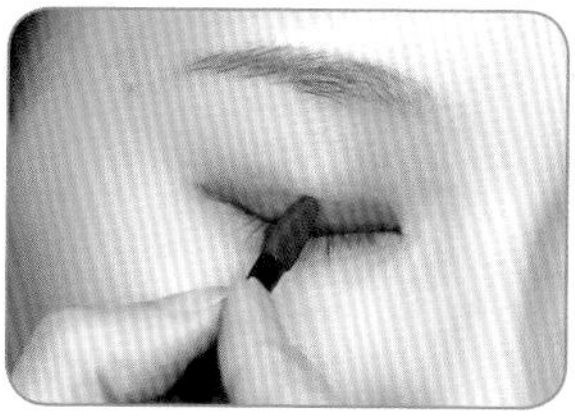

2 把黑色眼影疊加在眼線上，暈染開來。

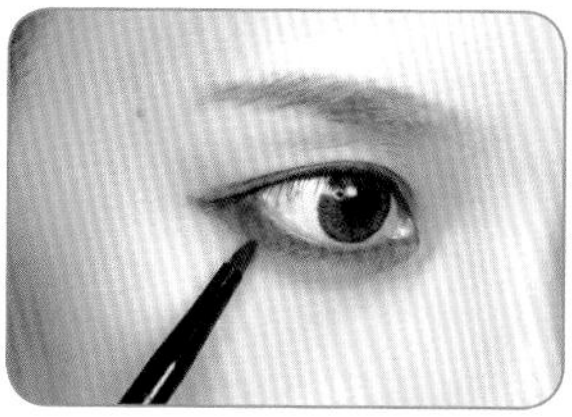

3 眼線膏畫出前細後寬的下眼線。

4 戴上上假睫毛。

5 用睫毛膏刷下睫毛。

6 用較深色的磚紅色腮紅，從耳際往前刷到笑肌，呈長形的腮紅會令臉比較立體。

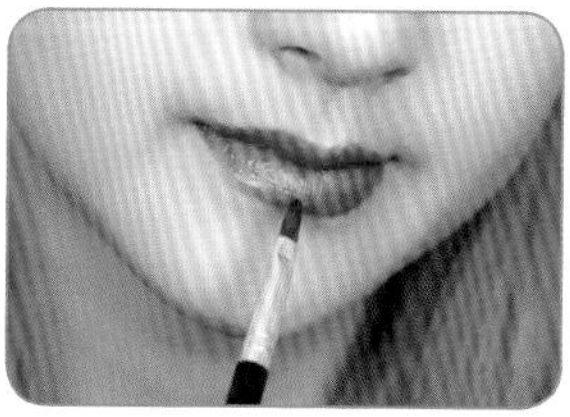

7 用唇刷刷上紅色口紅。

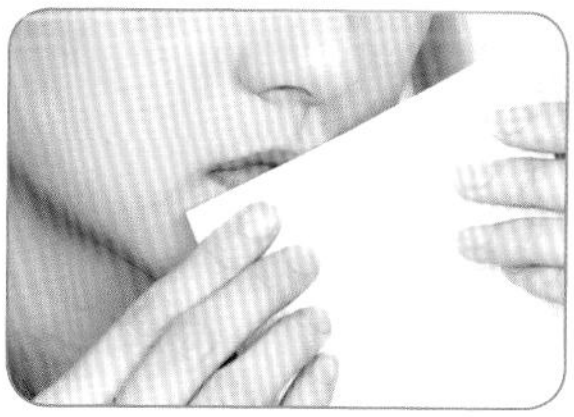

8 用紙巾揉掉多餘的油分。

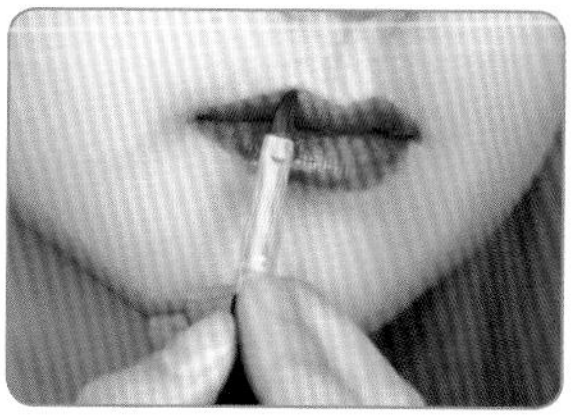

9 再刷一次口紅，會令唇色持久新鮮。

1 首先把頭髮分成左右兩區，然後再分成上下兩層。

2 先做右區的頭髮。用直髮器把髮束從髮根拉到髮尾時，髮尾向內彎。

3 繼續往上捲，捲度因人而異，長髮的話卷一圈半到兩圈爲好。

4 下層頭髮全部捲完後，上層的頭髮也一樣。

5 下面來處理左區。跟右區一樣，分層後，向內捲。

6 一縷一縷捲，直到把所有頭髮都燙好。

finish

全部燙完後，我們就可以得到上面是直而順滑，髮尾是蓬鬆向內微彎的髮型了！

FINISH
整體造型是不是看起來很有人氣？
趕快整理下衣櫥，把壓箱
底的基本款找出來吧！
它們將讓妳變成最潮
最受歡迎的時尚女孩

## 角色4

# 成熟知性
# 都市女王

知性女人應該是舉止優雅、讓人一見便賞心悅目的那種。這種女人待人處世落落大方，時尚、得體、尊重別人、愛惜自己、懂得生活。她們的女性魅力和處事能力一樣令人刮目相看。哦，讓我們來做自強、自立、自信的新時代女人吧！

**服裝**：以大方經典的精緻單品為主。帶有修身設計感的連衣裙，搭配得體的高跟鞋，顏色上盡量避免印花和撞色款式，更能凸顯知性氣質。

**化妝**：以無彩色的黑白或者是大地色系為主，色彩雖然淡但是光澤感非常重要，這樣才能顯露出知性女人的典雅和高貴。

**髮型**：鬈髮是體現女人味的重要元素。披散的鬈髮，太過於慵懶，將鬈髮微微收起既乾淨俐落又不失女人味，是知性女人的首選髮型哦！

1 首先用眼線膏塗上眼線的輪廓，眼頭要塗得粗一些重一些！

2 再勾勒出下眼線的輪廓，眼頭部分往內眼線靠近，眼尾部分往外眼線靠近。

3 用黑色眼影粉暈染上眼皮的後半段，眼尾部分拉長。

4 下眼皮的眼角部分也用黑色眼影粉暈染開來，營造垂眼的效果。

5 用白色珠光眼影粉暈染在上眼皮前半段，眼頭部分特別加強一下。

6 用眉粉畫在眉頭底下，增加眼睛的立體感。

7 米黃色淡珠光眼影粉用在眉骨，增加光澤感和立體感。

8 戴上加強眼尾的上假睫毛。

9 在下眼角部分，加上半截下假睫毛。

10 用修容粉刷在顴骨部分，增加成熟度。

11 再用帶淡珠光腮紅拍在笑肌頂點部分，提亮好氣色。

12 塗上唇膏。

13 加上一層帶珠光亮片的唇蜜。

1 將頭髮全部扭轉固定在側面。

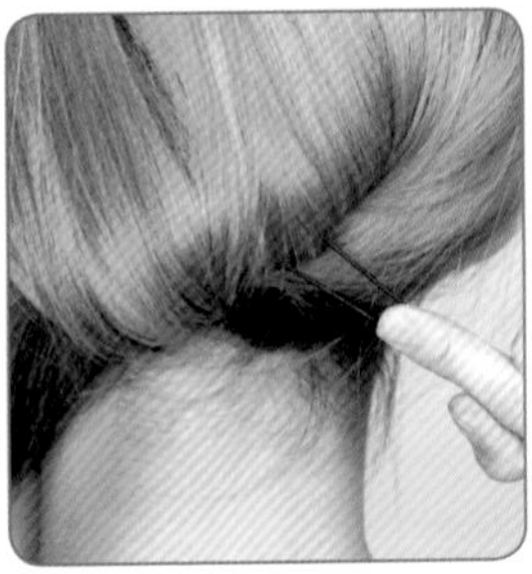

2 用U形夾固定好前、中、後段。

3 用捲髮棒將全部髮束一縷一縷向內捲。

4 前面劉海也向內捲一圈半。

FINISH

完成後，會不會整體氣質感up up？
操作起來方便，
又超有氣質的造型，

**誰都會喜歡！**

角色5

# 性感帥氣
# 中性風

誰說中性風格就是把自己變成假小子？中性風格中最典型的帥氣，不羈和率性其實是很多女孩子夢寐以求的。脫掉淑女裙，來！這一節我們來做回真正的自己。

**服裝**：走簡單大方路線。經典豹紋單品上衣加上百年不退流行緊身牛仔褲，踏上高跟鞋就已經很帥啦……用一些古銅金皮帶手環有畫龍點睛的效果。
服裝搭配除了照片裡的這組造型外，我也會推薦給大家幾個關鍵字：皮衣、短款小西裝、挺拔制服、黑色緊身T恤、設計簡單又大氣的飾品，這些詞任意組合出的搭配，都可以說明妳成功造型。

**化妝**：把眼尾拉長可以令眼神少些可愛，多些銳氣。唇部選用亞光系列的礦物口紅，不單可以更持久，也更具cool帥感。

**髮型**：爽利的短髮其實是由長髮簡單快速地盤起，利用髮尾做出的假象。

## MAKEUP

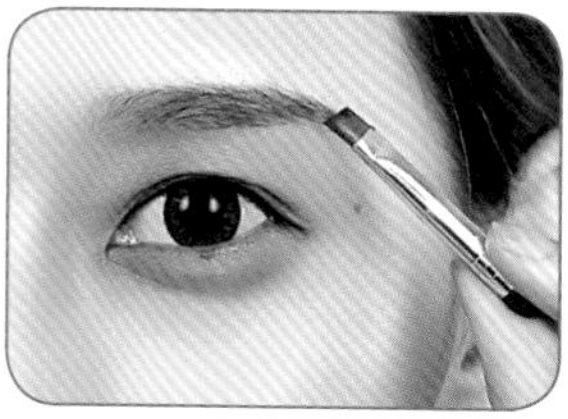

1 用眉粉畫一條平緩稍寬的一字眉。

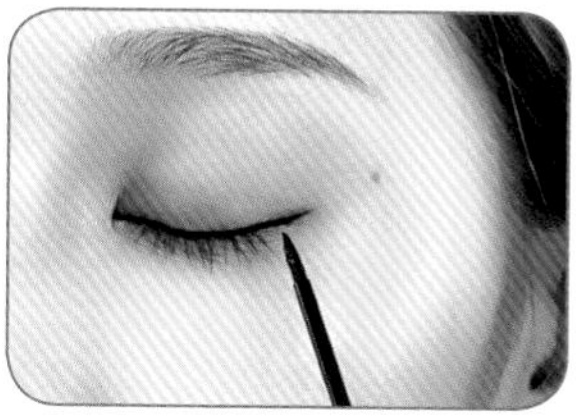

2 用眼線液勾勒出細細的內眼線。眼尾不要畫太長。

3 把亞光的黑色眼影粉，疊加暈染在眼線上。

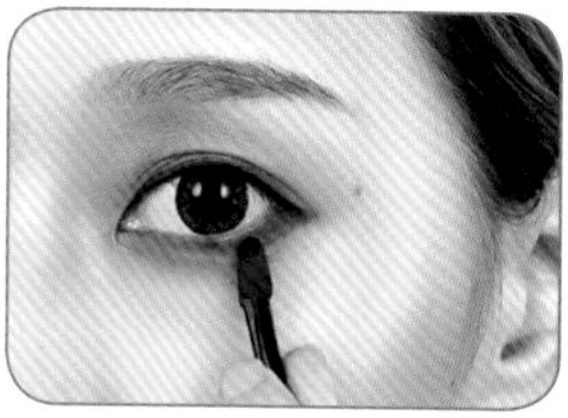

4 暈染下眼影，下眼角部分要注意加強。

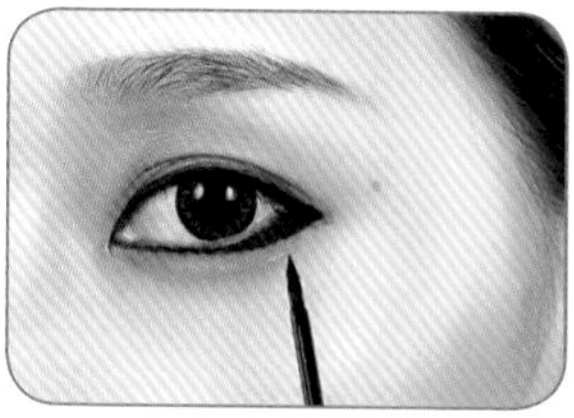

5 用眼線液勾勒出下眼線，注意眼角部分比較粗。

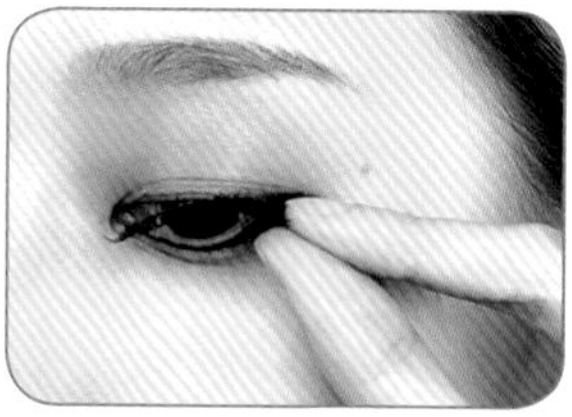

6 緊貼睫毛根部粘上透明梗的假睫毛。

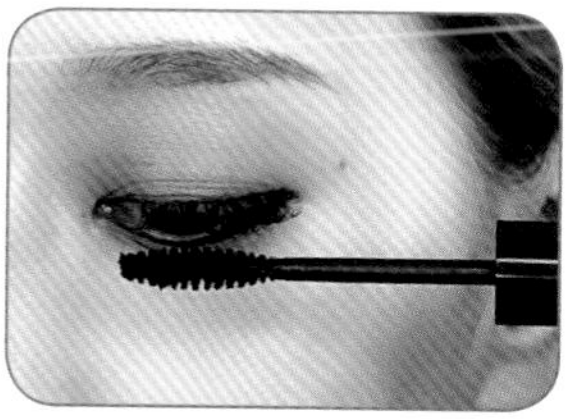

7 以Z字形方式刷上睫毛膏會令假睫毛看起來更逼真。

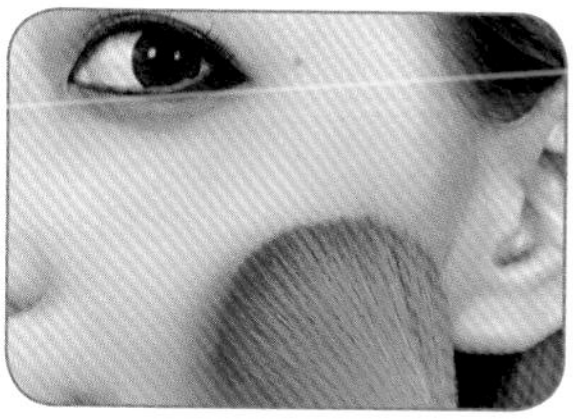

8 以斜上的方式刷上珊瑚色腮紅。

9 塗上亞光系列的珊瑚色唇膏。

1 將全部頭髮往後梳，在後腦勺中間向一側扭轉，將髮束擰到頭頂。

2 用夾子分上中下三點固定好。

3 髮尾往前梳後，分好份。用電捲棒按順序依次向內捲和向外捲髮尾。

4 捲好後，用定型啫喱把髮尾調整到妳喜歡的位置和蓬鬆度。

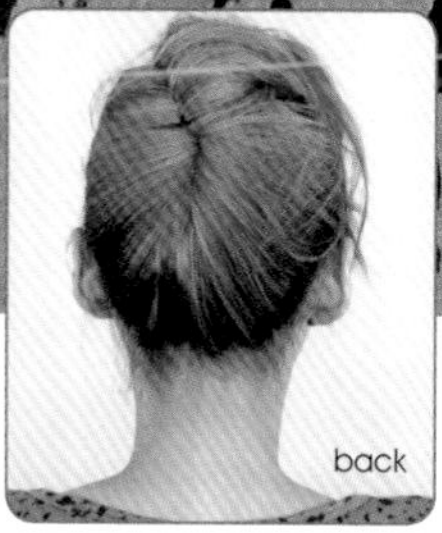

FINISH

**快跟隨我的腳步，**
**以新的視角重新審視自己，**
將自由不羈的那一面展現出來。

**一起來體驗中性風格**
**的魅力吧！**

角色6

## 超自然
## 混血娃娃
# 羅莉塔

想擁有雜誌上混血模特兒般深邃的輪廓，大大的眼睛，高挺的鼻子……是很多女孩子渴望的dream！雖然我們不是西方人，但還是可以透過化妝打扮達到的哦！

**服裝**：帶蕾絲藍底粉紅色碎花小洋裝。絲面的質感，配上珍珠項鍊，增添女孩子的甜美和華麗貴氣。

**化妝**：利用珠光偏金的大地色系眼影，營造出五官的立體度，再配上灰色的隱形眼鏡，讓眼睛有種迷濛感。

**髮型**：將全部頭髮向外翻卷，就像復古的貴族公主洋娃娃的頭髮一樣。

想在並不稚嫩的年紀裡挑戰羅莉風格並不是件難事。有一個準則一定要記牢：分寸。做任何事都要講求分寸，只要運用得當，就會事半功倍！

## MAKEUP

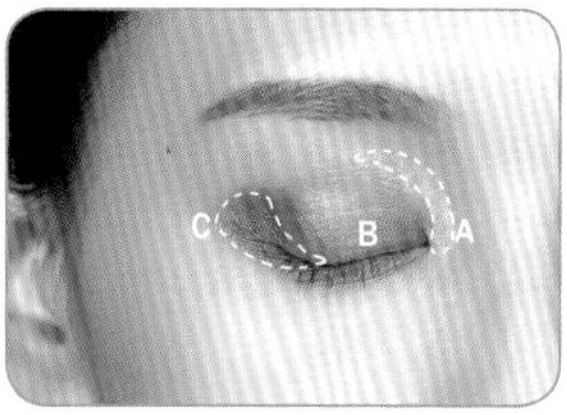


1 將B金色眼影塗滿整個雙眼皮和下眼瞼部分，眼頭用A亮金色打亮，眼尾用C深金色拉長暈染開來。注意C區包括下眼影。

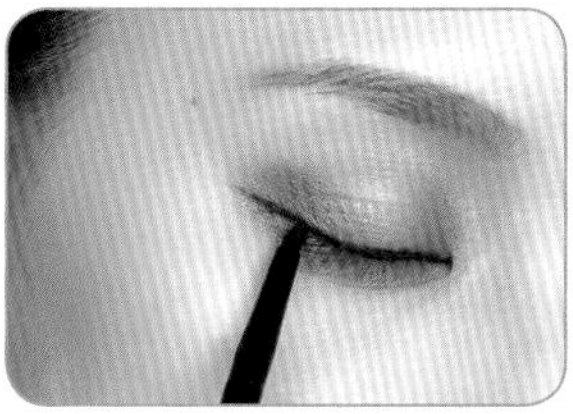

2 用眼線膏勾勒出細長上眼線，眼尾微微上翹即可。

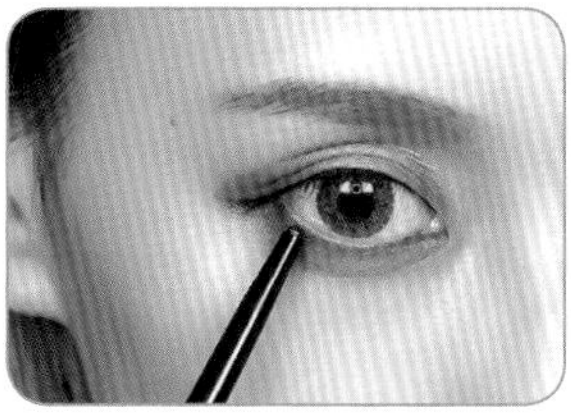

3 用眼線筆劃感覺濛濛的下眼線。尾部可以畫粗一點。

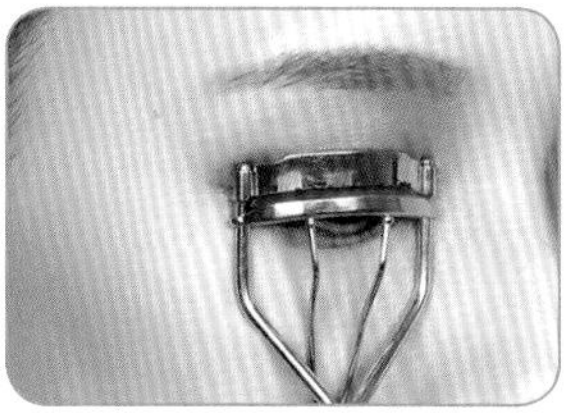

4 用睫毛夾先夾睫毛根部，然後再夾睫毛中部。動作輕一點，否則睫毛變成三段式了。

5 上下睫毛刷上睫毛膏。

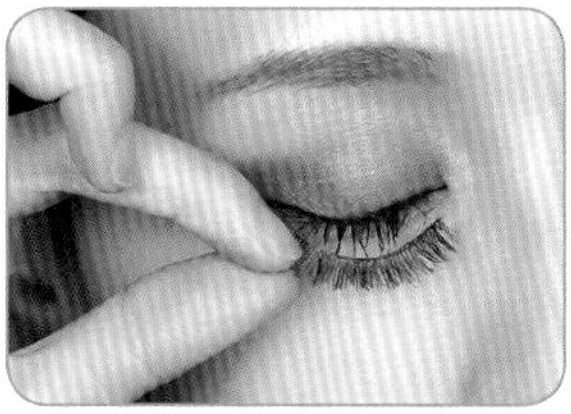

6 再戴上濃密型上假睫毛。

7 在笑肌虛線範圍刷上心形粉色腮紅。

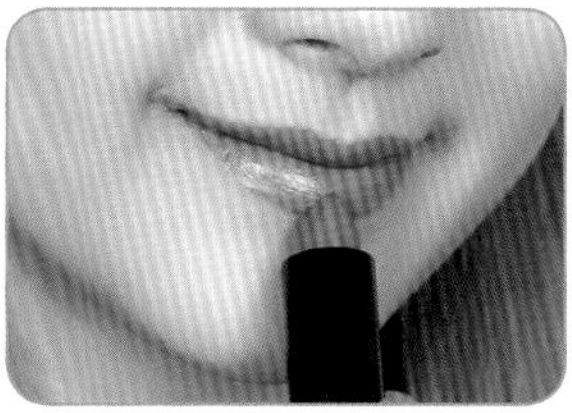

8 選擇一款水潤的唇膏。

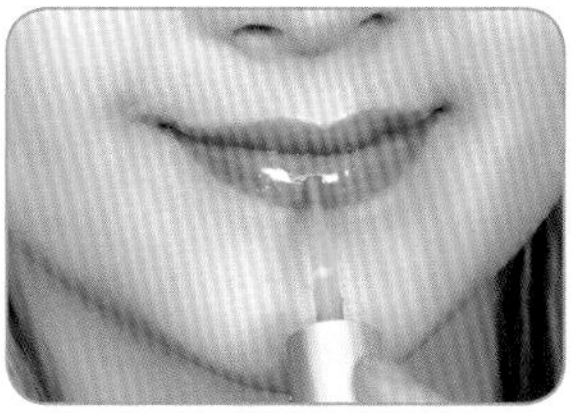

9 塗上唇膏後，在上面蓋上一層唇蜜，選擇有微閃的，不要塗太多。

1 用捲髮棒將頭髮垂直分區全部向外捲。

2 臉形比較長的人，捲度要盡量大，偏向髮根捲；臉形比較圓的人，捲度不要超過下巴，捲髮尾就行了。

3 另外一邊也一樣，捲完全部頭髮。

4 戴上一朵和裙子圖案一樣的粉紅色花朵髮飾在耳邊，完成！

FINISH
試問，有哪個男人會拒絕
這樣甜美可愛的女生呢？
還不快行動起來，
把自己打造成人見人愛
的羅麗塔吧！

## 角色7

# 永遠最愛 龐克風

Punk是一種行爲藝術，一種思想，甚至是一種人生態度。

**服裝**：反而很簡單。黑色T恤，配上紅色格紋緊身褲，最主要配上鉚釘元素的配件。整體就非常有punk的感覺，但是又不褪流行感，也就是說每年妳都可以這樣搭配這樣穿，而不會讓人發覺這是什麼年代的punk～ 也就是經典搭配啦！永遠不退流行的punk look！

**化妝**：用純黑的眼線膏和亞光黑色眼影拉長眼形，看起來沒有那麼圓那麼可愛。拉長的重點在於不但延長了眼尾的線條，還要畫眼頭。眼頭非常重要，畫了眼頭後眼睛在視覺上又長了0.5釐米的感覺……

**髮型**：最體現punk元素的髮型就是雞冠頭啦！

## MAKEUP

1 用眼線膏先勾畫出上眼線。

2 再用極黑的眼線筆勾畫出下眼線，注意眼頭部分要仔細描繪到哦～

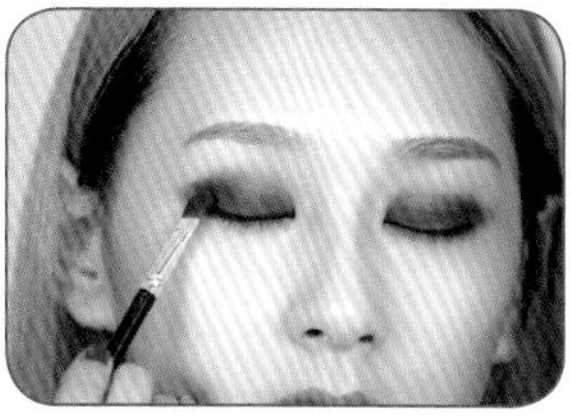

3 用黑色眼影薰染雙眼皮部分，超過雙眼皮褶痕大概0.1～0.2cm。

4 戴上濃密型的上假睫毛。

5 下眼角部分戴上下假睫毛。

6 在眉毛和鼻子連接處，刷上一點點淡淡的眉粉，塑造眼凹立體感。

7 塗上口紅，口紅顏色要搭配衣服的色系哦。

8 口紅外面蓋上一層唇蜜。

9 在顴骨部位刷上腮紅。

# HAIRSTYLE

1 兩邊眉峰對上爲界，留出頭頂的頭髮，先紮起來備用。

2 剩餘的頭髮全部緊緊紮在腦後中間，兩頰邊的頭髮一定要服帖哦！髮夾作用大！

3 將最初頭頂預留的頭髮散開，取後面的一小縷頭髮，用電捲棒向外卷。

4 將捲好的頭髮前面的一縷相同的頭髮取出，用電捲棒向內卷。

5 再取第二縷前面同樣的一縷頭髮，這回向外捲。以此爲例內外交替，直到把所有預留的頭髮都捲好。

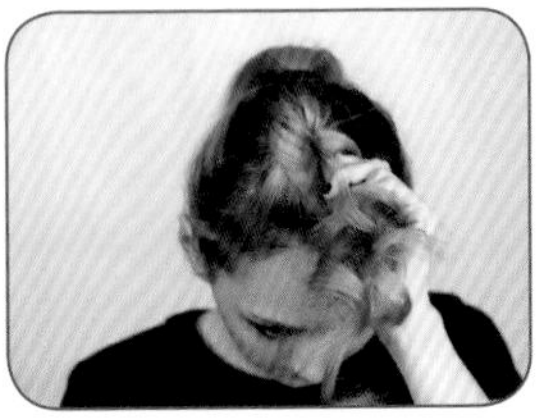

6 將捲好的頭髮用手攥住，向一個方向扭轉，呈長形。

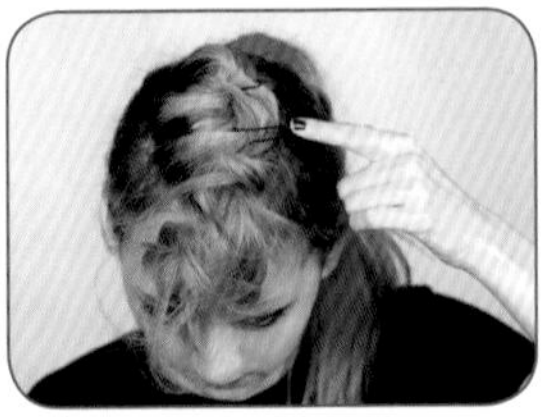

7 用U形夾固定在頭頂。

8 後面的髮束部分，先全部拉起，向上用小黑夾固定髮辮根部。

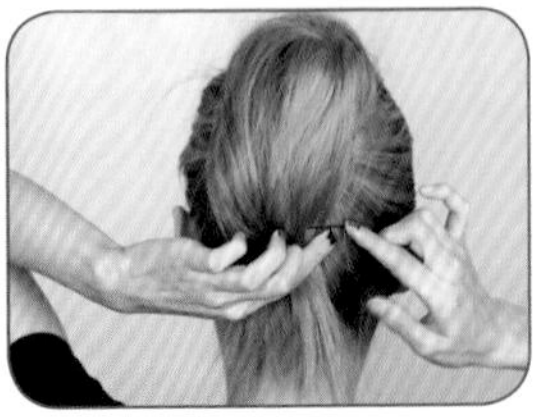

9 再放下來，用小黑夾在髮束左、右、中、下段分別固定。

10 同上，一定要固定好，不要太亂。

FINISH

**造型完成！很酷，是吧？**
其實一點都不難，

**rock&roll，**
**我們都是搖滾迷！**

side

back

## 角色8

### 人見人愛
### 啦啦隊長！
# 加油加油

豐富亮眼的顏色總是讓自己充滿活力，讓周圍的人感覺很開心！糖果甜心一樣吸引眼球！

**化妝**：色彩豐富是一件很令人擔心的事情，高飽和度的藍色眼影也是一件很恐怖的事情，讓人感覺妳是阿美姐還是國標舞老師？！但是就有人很喜歡藍色眼影啊……這次就來教大家把握重點，畫漂亮的藍色眼影！

**髮型**：要配合色彩豐富、有活力的造型。百搭的丸子頭當然是首選！

## MAKEUP

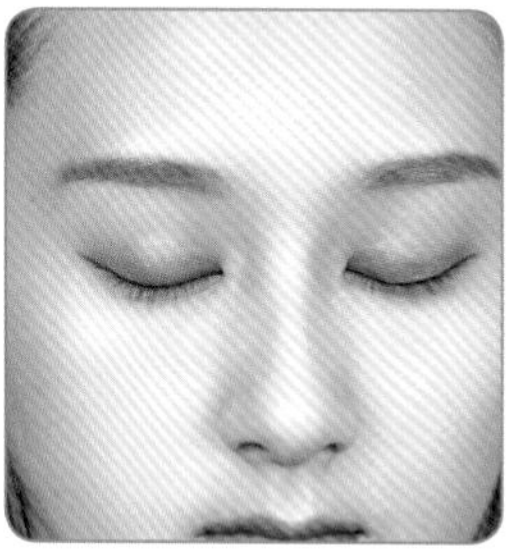

1 將高飽和度的藍色眼影畫在雙眼皮間，不能超過雙眼皮的範圍。搭配極黑眼線。如果妳的雙眼皮很寬，眼線就稍微畫粗一點；反之，就畫細一點。

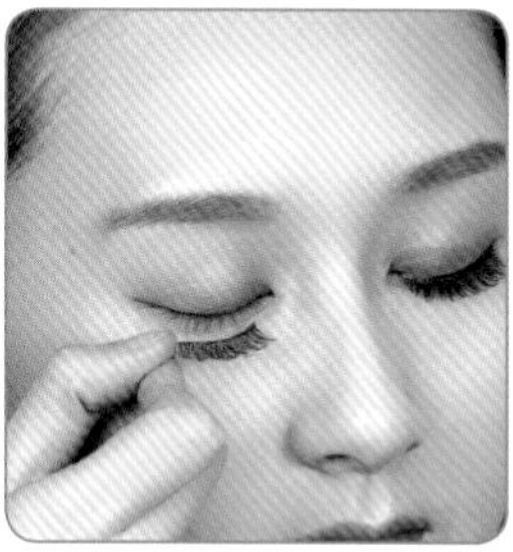

2 戴上長假睫毛，讓藍色眼影若隱若現。

3 刷下睫毛。

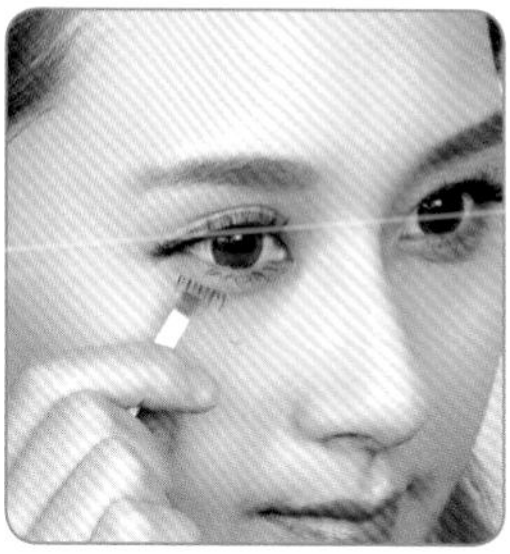

4 在眼角部分加上一段自然型的下假睫毛，不能加長。爲什麼呢？因爲太長的假睫毛和藍色眼影搭配在一起會太妖豔！

5 在眼底正下方刷上粉紅色腮紅。

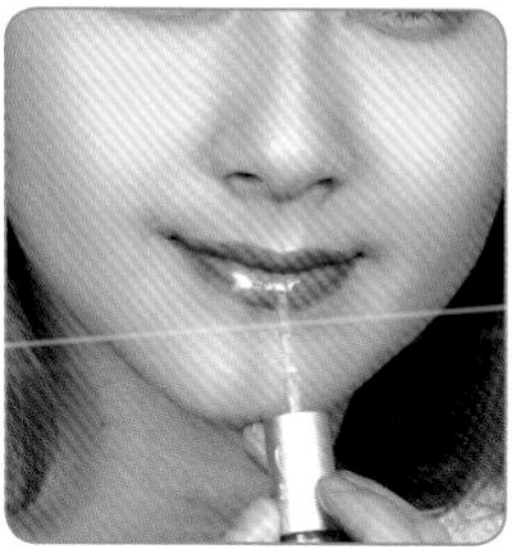

6 塗上粉紅色唇蜜。

1 首先，在頭頂綁個高馬尾。

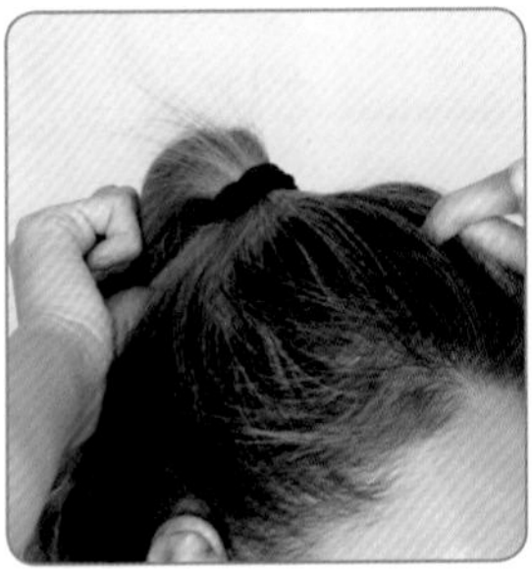

2 重點是前額的頭髮要拉蓬鬆。

3 將馬尾分成兩份，把其中一份朝一個方向扭轉，然後順時針圍繞馬尾根部一圈固定。

4 第二份也一樣扭轉，逆時針圍繞一圈。

5 用U形夾固定，戴上大蝴蝶結。

FINISH

戴了個可愛的蝴蝶結髮飾，
穿上充滿朝氣的裙裝，

**我就是人見人愛**
**的啦啦隊長！**

[保養加送]

# Part 1 變髮高手秀髮呵護全公開

1 洗頭髮前，應該先把頭能徹底洗乾淨。可以弄濕頭髮後，先上一些潤髮乳。

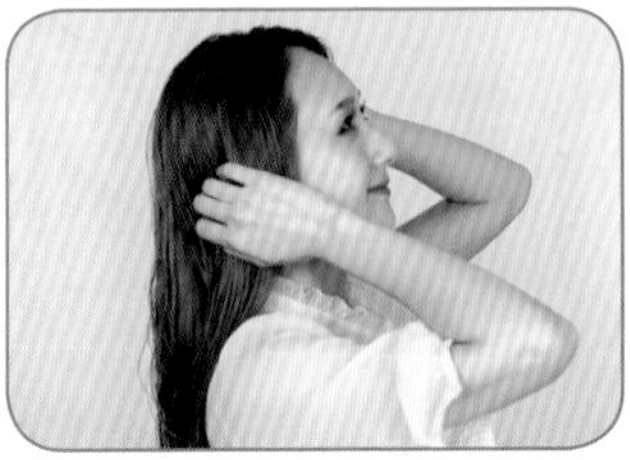

2 沖水。洗頭髮時太熱的水溫會過度帶走頭皮的水分和油脂，容易產生頭皮屑，也會讓頭髮氧化，帶走染髮的顏色。用適度的溫水先沖洗一遍，溶化定型產品之類的髒東西。

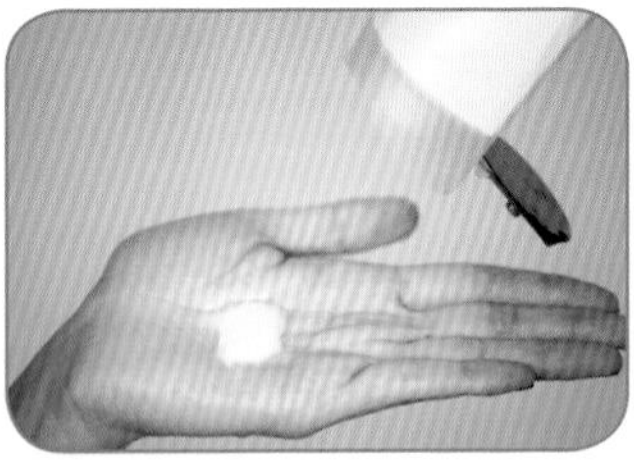

3 使用洗髮乳，洗髮乳的量大概是普通飲料瓶蓋大小（洗髮乳量的多少和頭髮長短沒有關係）。放在手心加水搓開泡沫，再抹到頭髮上。不能直接倒在頭髮上。

4 洗髮其實應該用洗髮乳洗兩次。第二次洗泡沫才夠豐富，用指腹以畫圓的方式清潔按摩頭皮，紓解頭皮壓力。千萬不能用指甲去抓頭皮。

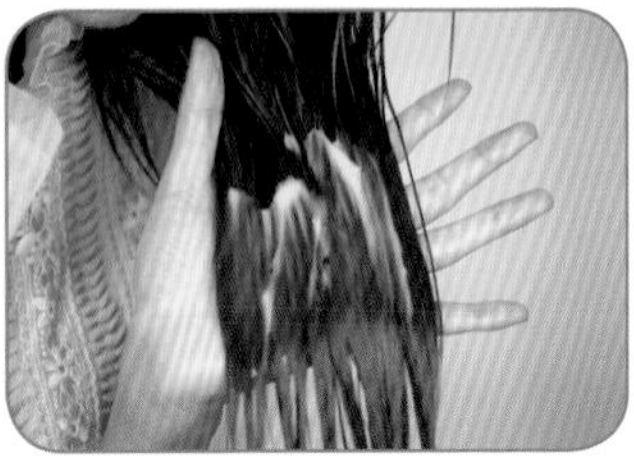

5 塗抹潤髮乳。上潤髮乳之前，要先按壓掉頭髮上多餘的水分，水分太多會讓潤髮乳不容易被髮絲吸收。潤髮乳不能塗抹到頭皮上。

6 頭髮也需要按摩哦！塗抹了潤髮乳之後，用手和指腹向內扭轉按摩頭髮3～5分鐘，能幫助潤髮乳的滋潤成分更深層進入毛鱗片中，讓頭髮更好吸收。

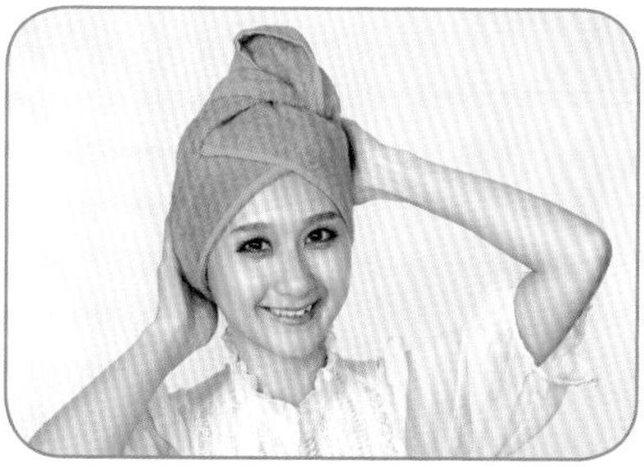

7 按摩後再戴上浴帽悶10～15分鐘，用清水沖洗掉。沖到沒有黏膩感爲止。表面的殘留物不沖洗乾淨的話，會令頭髮變重變塌。

8 洗淨頭髮後，用毛巾按壓吸收多餘的水分，再以扭轉的方式包裹住頭髮的尾端，讓水分被毛巾吸乾。

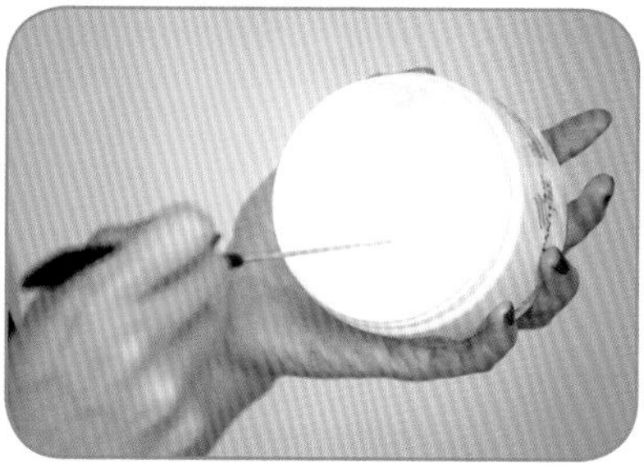

9 這時髮質受損程度嚴重的人，還可以塗抹一些免洗護髮乳，護髮油之類的產品。

10 吹乾頭髮，用吹風機由上往下順著毛鱗片吹，可以讓頭髮毛鱗片閉合，髮絲呈現出光澤感。

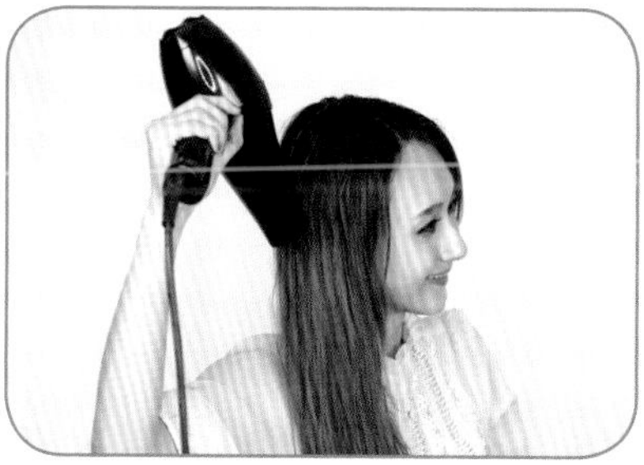

11 吹至八九成乾最好。

12 看！這樣洗護完的頭髮，乾淨又柔順，也不會打結，光澤感十足。

[保養加送]

# Part 2 變髮高手教妳神奇改變髮質

網友們看了我的髮型教學短片之後經常說：「妳的頭髮很軟，很聽話，才可以做這個髮型啦，我的頭髮又粗又硬又多，根本不聽話，做不了這個髮型。」首先要更正這個觀念。其實綁頭髮做造型和髮質沒有根本上的關係，和頭形臉形才有關係，而且髮質是可以改變的！下面介紹一種粗硬髮變軟的方法。

洗乾淨頭髮之後，用食用醋以一比十的比例，用水把醋沖淡之後，浸泡、沖洗頭髮3～5分鐘，再用清水把頭髮沖洗乾淨。用此方法每2～3天洗一次，每星期洗兩次。3～5次之後，髮質就會有非常明顯的改善，粗硬髮的讀者們可以試試看哦！

因為醋裡面含有醋酸，醋酸不但能消毒殺菌，對頭皮起保護作用，減少頭皮屑，還能軟化頭髮，所以泡過醋的頭髮會變得柔軟順滑服帖。

[保養加送]

# Part 3 變髮高手愛用保養化妝品

**DIOR CAPTURE TOTALE粉底液：**
容易推開，遮瑕力好，一粒黃豆大小的用量就可以搽完整臉。

**CHANEL WHITE ESSENTIEL粉餅：**
啞光、細膩的粉質讓皮膚看起來很幼滑細緻。

**IPSA遮瑕膏：**
人手必備非常實用的產品。深的用來遮雀斑、淺的用來遮黑眼圈眼袋，還可以相互調和。

**BENEFIT好玩多用途遮瑕膏：**
更像是一款膏狀粉底，很好推開，有時候偷懶不想全臉塗粉底液的話，用這個遮一下眼周、唇周、鼻周等暗沉部位，就可以出門了。

**CLINIQUE恒彩眼線液：**
快乾、極黑。

**MAYBELLINE 眼線膏：**
附的刷具很好用。膏體很滑，快乾防水，抗暈染，很持久，價格便宜。

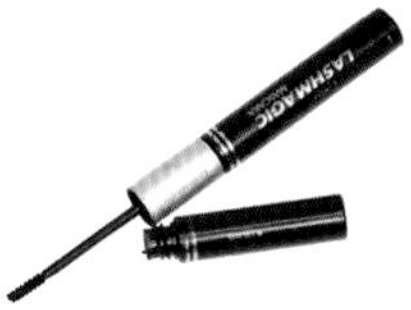

**REVLON LASHMAGIC睫毛膏：**
兩頭設計，長的一邊含纖維，短的一邊特為短小下睫毛設計的刷頭。

**MAJOLICA戀愛魔鏡睫毛膏：**
人氣產品。內含纖維，有根根分明的效果，一遍乾了以後再搽一遍，重複刷可以越刷越長。

**SEPHORA SMOKY EYES 眼影組合：**
很實用。內附鏡子、眼線筆和睫毛膏，一盒就可以搞定眼妝。

**SEPHORA 四色眼影：**
淡淡的閃，很耐看，不會太過細膩。最好用的是米黃色，用來打亮眼頭，會顯得眼珠黑白分明。

**ANNA SUI ROUGE S 魔彩魅力口紅：**
包裝、味道都絕對吸引人，帶金銅色光澤。

**YVES SAINT LAURENT瑩亮口紅：**
非常地滋養滋潤，不搽潤唇膏直接塗都可以。

GUERLAIN提洛克柔滑啞光唇彩（限量版）：顏色飽和度高，遮蓋力強，唇色深的人用了之後變粉嫩，嘴唇薄的人塗上去有嘴唇變豐滿的感覺。

NYX口紅：顏色非常齊全，顯色度好，最大的特點是價格非常便宜。

[保養加送]

# Part 4 變髮高手專業級DIY整髮器

**沙宣金屬系列小梳**

舒適手柄、輕柔好梳理，迷你梳身方便攜帶

VSCD63PW

**沙宣迷你25毫米陶瓷捲髮夾**

粉紅色的造型是現在一般女生最喜愛的顏色，迷你造型更可以讓妳方便攜帶，隨時隨地維持最美麗捲髮。

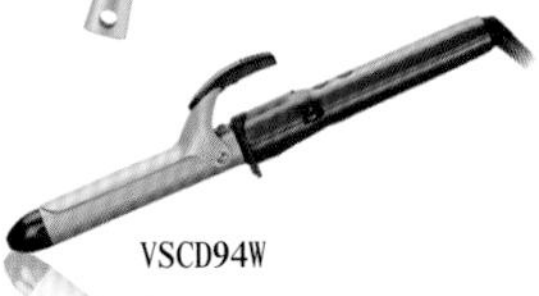

VSCD94W

**沙宣25毫米陶瓷燙捲髮夾(粉)**

60秒快速預熱、可依髮質調整30段控溫，輕鬆變化出自然俏麗捲髮造型！

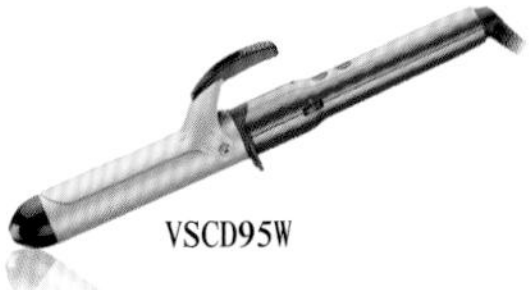

VSCD95W

**沙宣32毫米陶瓷燙捲髮夾(粉)**

60秒快速預熱，30段溫控校調，可打造大波浪的秀髮，塑造浪漫的名媛風格！

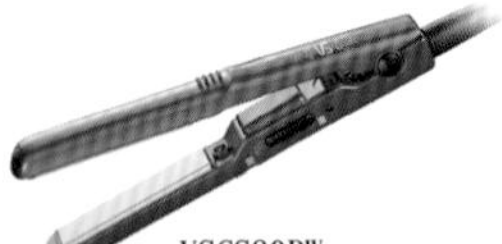

VSCS80PW

**沙宣迷你13毫米陶瓷直髮夾**

桃紅色的時尚彩繪紋身，方便外出攜帶，並附贈專用二合一儲存袋及隔熱墊，讓妳走到哪美到哪！

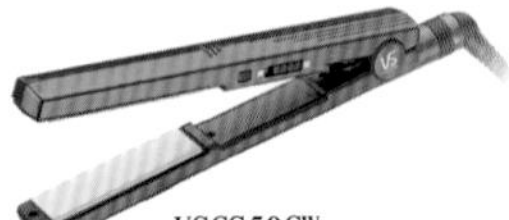

VSCS50CW

**沙宣纖巧25毫米直髮夾(粉)**

纖巧機身只有25.5公分，60秒快速預熱，陶瓷面板發放遠紅外線，呈現完美直髮造型！

VSSS9W

**沙宣閃漾負離子直髮夾**

沙宣的旗艦機種，首創護髮級直髮夾，加入奈米銀技術，可滋潤秀髮，柔順角質層並可維持24小時的柔順直髮。

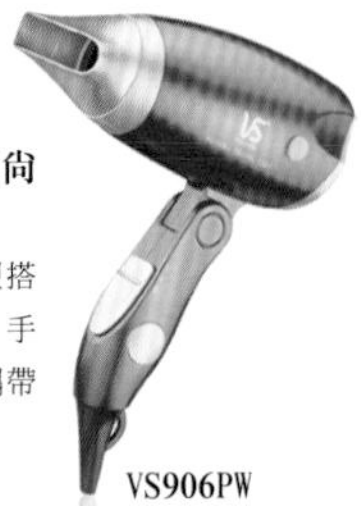

VS906PW

**沙宣1200瓦特時尚造型旅行吹風機**

可愛的粉紅色造型搭配纖巧機身設計、手柄可折疊，外出攜帶不占空間。

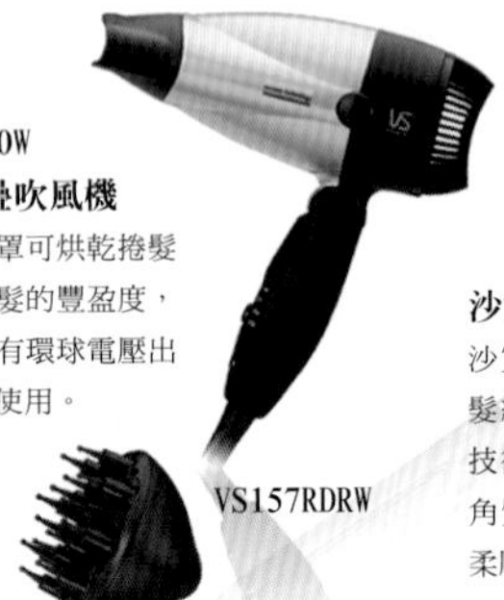

VS157RDRW

**沙宣1300W陶瓷摺疊吹風機**

配有熱風罩可烘乾捲髮，增加頭髮的豐盈度，此款商品有環球電壓出國也可以使用。

討論區 003

# 小家很有愛：

## 回到家眞舒服！<br>看了這些10~20坪改造後的小空間，<br>只能說，好想搬進去住！

申敬玉◎著 李修瑩◎譯

**【博客來藝術設計類第1名！】**

**歷時五年慢工細琢，寫成一部實用又美好的「家」設計。**

一出版就獲得讀者溫馨迴響，進入韓國網路書店排行榜第1名！

申敬玉是最會營造生活感的空間設計師，

看她改造過的12個溫馨小家，

6間獨特風味小店，

也跟她去巴黎拜訪3棟珍珠般的小房子，

屋主們都說，每天都好想回到家！

討論區 004

# PARIS STYLE<br>巴黎幸福廚房

攝影◎山下郁夫 採訪撰稿◎hirondelle 翻譯◎楊明綺

去逛逛巴黎人的廚房，

才懂得，打造廚房空間原來才是眞生活，

每翻一頁就再幸福一回！

去巴黎，可以看羅浮宮，可以看巴黎鐵塔，

可以去塞納河畔散步喝咖啡，逛跳蚤市場……

卻很難去巴黎人的廚房逛逛！

看巴黎人的浪漫生活力，

就從窺視他們的廚房和飯廳開始。

國家圖書館出版品預行編目資料

換髮型等於換心情 / 變髮高手黃申◎親自示範/解說
.——初版——臺北市：大田，101.09
面；公分.——（Creative；037）

ISBN 978-986-179-261-3（平裝）

425.5　　　　　　　　　　101013214

Creative 037

換髮型等於換心情

變髮高手黃申◎親自示範/解說

出版者：大田出版有限公司
台北市106羅斯福路二段95號4樓之3
E-mail：titan3@ms22.hinet.net
http：//www.titan3.com.tw
編輯部專線（02）23696315
傳眞（02）23691275
【如果您對本書或本出版公司有任何意見，歡迎來電】
行政院新聞局版台業字第397號
法律顧問：甘龍強律師

總編輯：莊培園
主編：蔡鳳儀　編輯：蔡曉玲
企劃統籌：李嘉琪　行銷統籌：蔡雅如
校對：蘇淑惠
承製：知己圖書股份有限公司・（04）23581803
初版：2012年（民101）九月三十日
定價：新台幣 299 元

總經銷：知己圖書股份有限公司
（台北公司）台北市106羅斯福路二段95號4樓之3
電話：（02）23672044・23672047・傳眞：（02）23635741
郵政劃撥：15060393
（台中公司）台中市407工業30路1號
電話：（04）23595819・傳眞：（04）23595493

國際書碼：ISBN 978-986-179-261-3/ CIP：425.5/101013214
Printed in Taiwan

繁體中文版由廣西科學技術出版社授權出版發行
《我們都愛玩髮型》黃申（Kleif）著，2011年，初版

廣　告　回　郵
北區郵政管理局登
記證北台字1764號
免　貼　郵　票

From：地址：

姓名：

To：**大田出版有限公司　編輯部收**

地址：台北市 106 羅斯福路二段 95 號 4 樓之 3
電話：(02) 23696315-6　傳真：(02) 23691275
E-mail：titan3@ms22.hinet.net

＊請沿虛線剪下，對摺裝訂寄回，謝謝！

# 趕快寄回本書回函卡，
## 就有機會獲得
## 沙宣快熱髮捲（粉）
## 10入一組（共10組）

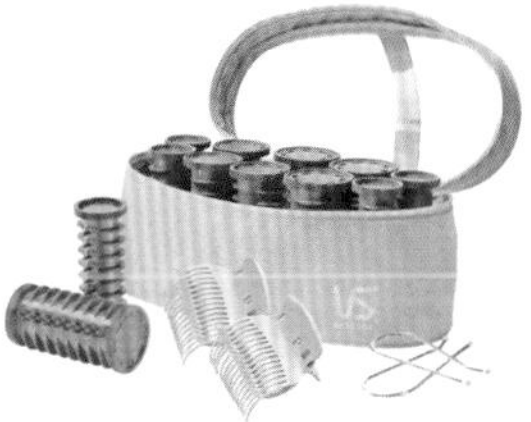

活動時間：即日起至2012/11/30止
注意事項：主辦單位保留活動辦法的權利
得獎公布：2012年12月30日
大田編輯病部落格：http：//titan3.pixnet.net/blog/
贊助：VS SASSOON

智　慧　與　美　麗　的　許　諾　之　地

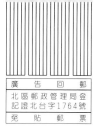

＊請沿虛線剪下，對摺裝訂寄回，謝謝！

## 讀 者 回 函

你可能是各種年齡、各種職業、各種學校、各種收入的代表，
這些社會身分雖然不重要，但是，我們希望在下一本書中也能找到你。

名字／＿＿＿＿＿＿＿ 性別／□女 □男　出生／＿＿＿年＿＿＿月＿＿＿日

教育程度／

職業：□ 學生□ 教師□ 內勤職員□ 家庭主婦 □ SOHO族□ 企業主管
□ 服務業□ 製造業□ 醫藥護理□ 軍警□ 資訊業□ 銷售業務
□ 其他＿＿＿＿＿＿＿＿＿＿＿＿＿＿＿＿＿＿＿＿

E-mail/＿＿＿＿＿＿＿＿＿＿＿＿＿＿＿＿ 電話／＿＿＿＿＿＿＿＿

聯絡地址：

你如何發現這本書的？　　書名：換髮型等於換心情

□書店閒逛時＿＿＿＿書店 □不小心在網路書站看到（哪一家網路書店？）＿＿＿＿
□朋友的男朋友(女朋友)灑狗血推薦 □大田電子報或編輯病部落格 □大田FB粉絲專頁
□部落格版主推薦 ＿＿＿＿＿＿＿＿＿＿＿＿＿＿＿＿＿＿＿＿
□其他各種可能 ，是編輯沒想到的 ＿＿＿＿＿＿＿＿＿＿＿＿＿＿＿＿

你或許常常愛上新的咖啡廣告、新的偶像明星、新的衣服、新的香水……
但是，你怎麼愛上一本新書的？

□我覺得還滿便宜的啦！ □我被內容感動 □我對本書作者的作品有蒐集癖
□我最喜歡有贈品的書 □老實講「貴出版社」的整體包裝還滿合我意的 □以上皆非
□可能還有其他說法，請告訴我們你的說法

＿＿＿＿＿＿＿＿＿＿＿＿＿＿＿＿＿＿＿＿＿＿＿＿＿＿＿＿＿＿

你一定有不同凡響的閱讀嗜好，請告訴我們：

□哲學 □心理學 □宗教 □自然生態 □流行趨勢 □醫療保健 □ 財經企管□ 史地□ 傳記
□ 文學□ 散文□ 原住民 □ 小說□ 親子叢書□ 休閒旅遊□ 其他 ＿＿＿＿＿＿＿＿

你對於紙本書以及電子書一起出版時，你會先選擇購買

□ 紙本書□ 電子書□ 其他＿＿＿＿＿＿＿＿＿＿＿＿＿＿＿＿＿＿＿＿

如果本書出版電子版，你會購買嗎？

□ 會□ 不會□ 其他＿＿＿＿＿＿＿＿＿＿＿＿＿＿＿＿＿＿＿＿

你認為電子書有哪些品項讓你想要購買？

□ 純文學小說□ 輕小說□ 圖文書□ 旅遊資訊□ 心理勵志□ 語言學習□ 美容保養
□ 服裝搭配□ 攝影□ 寵物□ 其他 ＿＿＿＿＿＿＿＿＿＿＿＿＿＿＿＿

請說出對本書的其他意見：

大田出版有限公司編輯部 感謝您！